彩 2　天然纹理的秀丽花菇

241-4

彩3　不同菌株菇体特征
（吴学谦、黄志龙、陈俏彪等供）

庆科20

135

L-856

Cr-04　　　Cr-66

2

彩4　反季节露地
立筒栽培香菇

彩5　反季节埋筒覆土
栽培香菇（林佩瑛供）

彩6　沈阳开放式地
栽香菇（田敬华供）

彩7　丁湖广、丁荣辉观
察高棚集约化培育花菇

3

彩8 泌阳小棚大袋
培育花菇

彩9 北方日光温
室立体培育花菇

彩10 丁湖广
在黑龙江大庆
菇场考察生料
栽培香菇

4

彩11　东北塑料
菇棚群外观

彩12　反季节栽
培林荫菇棚

彩13　南方反季节
栽培的草棚

彩14　夏季菇棚
盖草种瓜遮阳

彩15 遮阳网菇
棚群外观

彩16 菇棚内
菌筒排场布局

彩17 脱袋菌筒
长菇状况

6

彩 18　装袋机装料

彩 19　料袋上
灶排叠方式

彩 20　料袋罩膜灭菌

7

彩21 依山傍水菌袋度夏培养房

彩22 野外荫棚内菌袋度夏培养

彩23 早春接种菌袋保温培养房

彩 24　低温养菌接种穴口对压叠袋

彩 25　菌袋培养后期排叠法

9

彩 26　菇木切碎机

彩 27　新型自动化
培养料搅拌机

彩 28　多功能培养料装袋机

彩 29　大型钢板灭菌灶

彩 30　太空包拌料输送冲压装袋生产线

彩 31　高压灭菌锅

彩 32　菇棚增温、增湿机

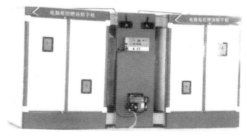

彩 33　香菇脱水烘干机

彩 34　香菇切丝机

11

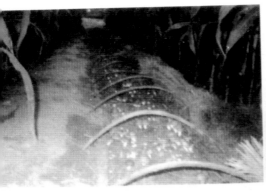

彩35　玉米地套种香菇（田敬华供）

彩36　林地间种香菇（王润蛟供）

彩37　菇稻轮作（吴学谦供）

彩38　花菇棚架休闲期培育银耳

12

彩 39　香菇灵芝周年交替栽培

彩40　菇床夏闲期
栽培竹荪

彩 41　香菇黑木
耳组合栽培

13

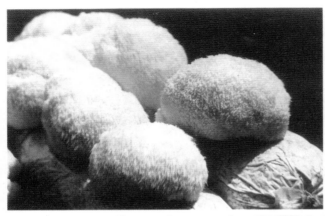

彩42 香菇猴头菇有机结合栽培

彩43 白灵菇香菇配套栽培

彩44 利用香菇污染袋栽培鸡腿蘑

14

彩45　利用香菇废筒栽培毛木耳

彩46　利用香菇废筒栽培大球盖菇

彩47　夏季保鲜菇出口

1. 采收集中

2. 晾晒排湿

3. 鲜菇剪脚

4. 塑料袋小包装

彩48　香菇脱水烘干

　　彩49　香菇打包装箱

农作物种植技术管理丛书

# 怎样提高香菇种植效益

丁湖广　丁荣辉　编著

金盾出版社

# 内 容 提 要

本书由中国食用菌协会理事丁湖广高级农艺师和福荣华集团丁荣辉总裁编著。内容包括：我国香菇产业现状，香菇高效栽培必备配套设施，科学引种与制种，香菇反季节栽培、集约化培育花菇、多种形式组合栽培、节能降耗栽培技术以及香菇产品的保鲜和干制加工、分级等。内容新颖、技术先进，针对性与可操作性强，适合农村广大菇农及菇业技术人员阅读，对农林院校师生和科研人员亦有参考价值。

**图书在版编目(CIP)数据**

怎样提高香菇种植效益/丁湖广，丁荣辉编著. — 北京：金盾出版社，2006.6(2019.1重印)

（农作物种植技术管理丛书）

ISBN 978-7-5082-4036-7

Ⅰ.①怎⋯　Ⅱ.①丁⋯②丁⋯　Ⅲ.①香菇—蔬菜园艺　Ⅳ.①S646.1

中国版本图书馆 CIP 数据核字（2006）第 029643 号

**金盾出版社出版、总发行**

北京市太平路 5 号（地铁万寿路站往南）

邮政编码：100036　电话：68214039　83219215

传真：68276683　网址：www.jdcbs.cn

北京军迪印刷有限责任公司印刷、装订

各地新华书店经销

开本：787×1092 1/32　印张：8.125　彩页：16　字数：167 千字

2019 年 1 月第 1 版第 8 次印刷

印数：45 001～48 000 册　定价：25.00 元

# 前　言

　　香菇为食用菌产业中的一个拳头产品,也是我国传统的出口名优特产品种之一。随着我国加入世界贸易组织(WTO)和农业产业化结构调整的进行,以及无公害食品行动计划的实施,我国香菇生产由南向北延伸发展,栽培技术不断突破,产量逐年上升,品质不断提高优化,出口数量名列全球榜首,争得了领先国际香菇市场的地位。

　　中国生产香菇长盛不衰,有它坚实的经济内涵和丰厚的文化底蕴。千百年来,山区人民"靠山吃山养山",把种菇作为发挥山区资源优势并转化为商品优势,改变农村经济条件和提高生活水平的重要途径。这种理念已深入人心,成为这一产业的精神支柱。各级政府也都把发展香菇生产列入为民办实事的重要内容,加强组织领导,在政策和财力上给予指导和扶持,促进了香菇产业的迅速发展。

　　农民种菇的目的是要获取更好的经济效益,因而效益的丰歉,直接关系到香菇产业的兴衰。闽、浙两省主产区对近10年来的香菇市场价格调查分析,价格是逐年下降的,而种菇的原辅材料价格却不断上扬,在栽培技术上也存在不少问题,致使菇农生产效益逐年减低。菇贱伤农已成为香菇生产一个潜在的、可能引发危机的重要因素。怎样提高香菇生产效益,是我国发展香菇产业必须解决的热点问题,也是广大菇农最为关切的焦点。笔者从事香菇生产研究和科学技术普及工作40余载,面对现实,深感有义不容辞的责任,运用现代科学技术观,去解答这个难题。在这种思想的指引下,我们认真分析了我国香菇生产效益欠佳的原因,这其中除了与当前社会经济生活和市场因素有关外,在生产技术上的许多误区,也是给菇农造成生产上的损失和经济效益下降的重要原因。为此认真收集整理了各地的实际生产经验和教训,有针对性地在提高种菇效益的具体技术措施方面,进行系统详细地阐述。尤其介绍了反季节栽培、周年制栽培、集约化栽培、组合栽培、节能降耗生产管理、废筒再利用等先进实用技术,有的还是尚未公开的新技术。希望广大菇友能从中得到有益的启发,把香菇产业做大做强,获取理想的经济效益,早日实现小康,这是笔者的最大心愿!

　　本书在编写过程中,得到著名食用菌专家、福建省农业区划研究所蔡衍山教授,及有关单位和朋友的支持,古田县科技局十分重视,把本书列为菇业科研课题,在此表示谢意! 由于收集资料范围较广,书中引用其研究的成果尚未署名的望给予见谅。由于本书编写时间紧迫,涉及内容较新,笔者水平有限,难免有错漏之处,敬请广大读者批评指正!

丁　湖　广

于"中国食用菌之都"——福建省古田县新元食用菌研究所

2006 年 3 月 13 日

通讯地址:福建省古田县新城过河路 13 号

邮政编码:352200

电话:0593-3882177　　传真:0593-3888628

# 目　　录

# 第一章　香菇产销现状与经济效益

## 一、中国香菇在国际贸易上的地位

1990 年 12 月,在全国第二次香菇生产专业会议上,向全世界宣告:中国香菇产量达 3 万吨,占全球总产量的 47.8%,居世界首位。从此中国香菇产业跨入辉煌的时代。2005 年全国香菇(干品)总产量 9 万多吨,占全球总产量的 83% 左右,成为世界香菇生产强国。中国香菇出口在国际市场的占有率逐年上升。据海关总署统计资料显示:2005 年香菇干鲜品两个编码创汇达 2.31 亿美元,占整个食用菌出口值 8.2 亿美元的 28.17%。香菇干品远销东南亚、欧美 78 个国家和地区,保鲜菇出口日本、韩国、新加坡、瑞典、荷兰、英国、美国、南非等 26 个国家和地区,在国际香菇市场起到了重要的作用。

世界香菇产区集中在亚洲,并呈中、日、韩三足鼎立之势。日本由于资源缺乏、技术守旧、劳工升值、成本增大,导致产业迅速滑坡。据有关资料,2004 年香菇总产量仅有 9 000 吨,比 1990 年下降 50% 多。日本为了维持国内及国际市场需要,不得不把视线瞄准中国。2004 年从中国进口保鲜香菇 27 860 吨,干香菇 7 880 吨;中国香菇占日本市场消费量的 66.2%。

世界香菇生产量排行第二的是韩国,近年来其竞争力削弱,已从出口国变成进口国。2003 年出口鲜菇只有 12 吨,干香菇 362 吨,反而进口干香菇 999 吨。其他欧美一些国家虽生产香菇,但产量甚微。俄罗斯有 55 家大型农场栽培香菇,产量只有63吨。拉丁美洲的产菇大国巴西,年产量仅有500吨。产量最小的是哥斯达黎加,年产量只有30吨。

中国加入WTO之后,尽管在世贸市场上各国设置了许多"非关税壁垒"、"绿色壁垒"、"舆论壁垒"、"物种壁垒"等名目繁多障碍,但都无法阻止中国香菇输入WTO的134个成员国及世界其他各国,因此,中国香菇的发展前景乐观。

## 二、中国香菇产业为何长期居世界之首

中国香菇在市场波动中,虽经受多个"马鞍形"的磨难,产业几起几落,但始终居世界领先地位,使许多产菇国难以理解的是中国香菇产业为何有如此魅力。中国香菇长盛不衰,有它的坚实经济内涵和丰厚的文化底蕴,具体概括有"五个一"的独特优势。

有一个正确的科学理念。它为广大干部和群众充分认识和理解香菇与森林是自然融合的生态链。菇是森林之子,是大自然安排森林对人类经济回报的一种方式。长期以来山区群众"靠山吃山养山",把种菇作为发挥山区资源优势并转化为商品优势,改变农村经济条件和提高农民生活的一条致富途径。这种理念深入人心,成为推动产业发展的精神支柱。

有一支廉价的产业大军。中国农村劳动力富余,这批从事香菇生产及产业链相关行业的达4 000万人,其劳动工酬比国外低。这里列举几个国家和地区菇农月工资作对照,美国2 850~3 500美元,日本1 980~3 013美元,韩国1 050~1 850美元,台湾省1 180~2 100美元,中国100~140美元,差距甚大。由于中国菇农的月工资低,为香菇生产创造成本低廉条件。按每千克干香菇的成本,日本为4.8美元,美国为

6.2美元,中国生产的香菇到日本和美国超市的价格,每千克只有1.55~2.1美元,竞争力强。

有一套不断创新的栽培技术。800年前浙江省庆元菇农发明砍花法,20世纪70年代上海市何园素发明木屑压块栽培法,20世纪80年代古田彭兆旺开创野外袋栽法,20世纪90年代福建省寿宁,河南省西峡、泌阳开发不脱袋培育花菇。尤其实施"南菇北移"战略后,北方充分发挥气候优势,利用大棚四季长菇,以及黑龙江省生料地栽香菇等,在技术上不断突破,生产上出现一个又一个新的飞跃。全国涌现出一批产菇"万吨省"、"千吨县"、"百吨村"及标准化香菇生产基地。

有一张遍布世界市场的网络。开放改革以来,菇品出口的口岸扩大,从事菇品跨国贸易企业和个人增加,他们可以将产地香菇直销世界各国市场。同时活跃在国内流通领域的菇品经销商遍布各地,形成出口外销和国内市场有机结合,使产品具有巨大的市场容量和市场调节能力。

有一班为民办实事的"父母官"。各级政府始终把发展菇业列入为民办实事的项目之一,尤其是在农业产业化结构调整中,把发展香菇作为一个重点项目,在组织领导、政策和财力上给予指导和扶持,因此成为香菇产业打不垮的坚强后盾。

# 三、农业结构调整后香菇生产的新变化

## (一)目标突出,产业飞跃发展

安徽省东至县20世纪80年代初,就从古田引进袋栽香菇技术,农民获得了经济效益,但始终难以形成气候。随着农业新一轮的结构调整,县委、县政府出台了《关于加快发展食用菌产业的意见》,把香菇生产作为治穷致富的短平快项目,出现了跨跃式的发展。1998年全县香菇生产仅有200万袋,到2004年发展到6000万袋,跃居全省前列。位于豫西南的西峡县,地处深山,8万农民年复一年守在人均不足667平方米土地上,辛勤劳动,温饱仍难以解决。20世纪90年代初从浙江省庆元引进香菇袋栽项目,并因地制宜开创架层春栽香菇生产,近10年来每年一直稳定生产4000万袋左右,年产香菇干品1.6万吨,食用菌业产值5亿元左右,成为该县"兴乡富民"的支柱产业,被中国食用菌协会授予"十佳商品基地县"。

### (二)南菇北移,广辟产业基地

北方有着发展香菇生产的物质资源、气候条件和劳力富余的三大优势,是中国香菇伸延发展的理想区域。地处河北、辽宁、内蒙古三省区交界处的河北省平泉县,是国家级的贫困县。1995年引进香菇品种试种成功,1998年实施了"南菇北移"战略部署后,全县发展到15个乡镇,100个村,万户农民栽培香菇1000万袋,产值8000万元,到2004年以香菇为主栽的食用菌已形成产业化生产经营体系,全县栽培6200万袋,农民人均纯收入850元,使4万户菇农摆脱贫困,奔向小康。东北辽宁、吉林、黑龙江等省香菇生产已逐步走上规模化。辽宁省抚顺、新宾、鞍山、丹东、锦州等产区,根据东北高寒气候特点,采取开放式地栽香菇技术(彩6),现全省年产香菇鲜品11.87万吨。北方香菇品质优于南方,花菇率高,具有肉厚、柄短、花纹美观、开伞度小,适口性好,含水量低,保鲜期长等质量优势,抢占了国际市场的高价位。

### (三)老区创新,转变增值方式

闽、浙、赣老菇区,由于资源枯竭,个别县提出"退菇还林"、"菇县不种菇"的口号。然而,种菇已成为当地农民谋生手段和农村经济的支柱产业,因此这种"菇县不种菇"与民意相违背。大多数老菇区始终不放弃香菇生产,千方百计开拓创新,把劣势转化为强势。闽、浙两省主产区,注重培育优质花菇,同时向无公害、绿色、有机食品方向发展,使香菇产品档次进一步提高。赣、湘交界的江西省铜鼓县,改常规露地栽培为反季节埋筒栽培,菇品卖价好,栽培1万袋,获利21 500元。2003年县政府下达《关于加快反季节香菇标准化基地建设实施办法》文件后,现年栽培香菇1 800万袋,产出鲜菇超万吨,产品除出口外,还直销武汉、长沙市场,产值达1亿元。浙江省云和县菇农为了保持产业的持续性,利用木制玩具厂每年残留4万吨的木屑栽培香菇,同时利用冬闲田做凹陷式菇床,形成"菇稻轮作",有效地缓解了"林菇矛盾"和"菇粮争地"问题,使仅有11.5万人口的山区小县,每年栽培香菇5 000~6 000万袋,产出干香菇6 000吨,相当于日本国年产香菇干鲜品总量的2/3。

## 四、当前种菇效益与高效益目标差距较大

农民种菇的目的是要取得应获的经济效益,而效益的丰歉直接关系到香菇产业的兴衰。追踪生产历史,对近10年的香菇价格、生产成本及种菇劳动收益作了调研。

## (一)菇价降幅较大

从 1995 年至 2005 年,不同时期的 5 个年度的菇价进行对照,见表 1-1。

表 1-1 近 10 年不同时期香菇干品产地收购价格 (单位:元/千克)

| 年 份 | 1995 年 | 1997 年 | 2003 年 | 2004 年 | 2005 年 |
|---|---|---|---|---|---|
| 香 菇 | 36～45 | 32～40 | 35～42 | 28～36 | 34～43 |
| 花 菇 | 62～88 | 50～72 | 45～60 | 40～55 | 45～62 |

说明:1. 规格按菇盖直径 3 厘米以上,柄长 1 厘米以内
　　　2. 价格以闽、浙主产区香菇产季市场(除去非正常上浮价外)成交平均价

从以上各年度香菇价格看,都比 1995 年有不同程度下降,尤其花菇降幅较大。

## (二)生产成本增大

近 10 年来原辅材料价格不断上涨,在南方菇区主要原料的木屑,每吨达 600 元,麦麸每吨 1 500～1 600 元,塑料栽培袋每吨 1.13 万元。都比 1995 年上升 1～1.5 倍,由此造成生产成本增大,效益锐减。据福建省古田菇区调查,1995 年种植 1 万袋成本仅为 6 482 元,利润可达 14 518 元,每个劳动日平均可收入 28.13 元。2004 年栽培 1 万袋成本 1.5 万元。比 1995 年上升 131%,利润 9 300 元,比 1995 年下降 35.9%;每个劳动日收入 18.02 元,比 1995 年减少 35.94%。

## (三)与高效栽培目标存在差距

根据社会经济增长和菇农现实的要求,我们对现有农民种菇效益与高效栽培的目标进行对比,其差距较大,见表 1-2。

表 1-2　香菇栽培现有效益与高效益指标对照表

| 菌袋规格 | 成本（元/袋） | 现 有 效 益 | | | | 高 效 指 标 | | | |
|---|---|---|---|---|---|---|---|---|---|
| | | 产量（克/袋） | 产值（元） | 利润（元） | 日均收入（元） | 产量（克/袋） | 产值（元） | 利润（元） | 日均收入（元） |
| 袋 15×55 干料 800 | 1.5 | 760 | 2.43 | 0.93 | 18.02 | 850 | 4.08 | 2.58 | 50 |
| 袋 17×55 干料 1000 | 2 | 950 | 3.04 | 1.04 | 20.16 | 1060 | 5.09 | 3.09 | 59.88 |
| 袋 24×55 干料 2000 | 4 | 1900 | 6.08 | 2.08 | 24.18 | 2120 | 10.18 | 6.18 | 71.86 |

说明：1. 菌袋规格，袋为厘米，干料为克

2. 香菇以鲜品计量，单价每千克现行 3.20 元,高效指标 4.80 元

3. 香菇生产 1 万袋投工 516 个劳动日计算,大袋投工 860 个劳动日计算

# 五、提升菇农种菇效益

香菇生产第一线是产业的基础,菇农是生产的主力军,要使这个基础打牢,首先必须提高菇农的种菇的经济效益,才能更好地调动他们种菇的积极性,促进产业稳定健康发展。提升种菇效益要从生产和市场以及科学管理诸方面综合考虑。

## (一)调整产业结构,实施"三转向"

首先是要从发展生产规模转向适度控制种植量。全国每年栽培量控制在 15 亿袋左右,保持产销相对平衡,稳定香菇价格。其次,由单家独户粗放型生产,转向产业化基地型生

产。组织香菇专业合作社实行"三统一"(生产技术、产品标准、订单议价),培养一大批产业型的"吨菇户",建立标准化"百吨村"和"千吨镇"的生产基地。再次,产区由高成本的南方转向资源、气候条件优越、成本低的北方发展。

### (二)产品反季节入市,巧取季节差价效益

香菇生产常规多为秋栽,产秋菇、冬菇和春菇。此时与日本、韩国产菇期相同,大量菇品进入国际市场,一时产品处于饱和状态,导致价格下降。而夏季高温,香菇货源紧缺,一般价位都上浮 10%～20%,尤其保鲜菇出口每千克收购价都在6～9 元,比常规提高 1～2 倍。因此,可安排占总生产量的20%进行反季节栽培,产品反季节入市。凡具有自然气温适于反季节栽培条件的山区,可建立生产基地,并采用程控微喷设备,改善菇棚环境的温度、湿度,提高产量,获取较好效益。

### (三)集约培育花菇,获取高品位产品效益

缩小常规的露地摆袋生产普通商品菇的栽培法,推广高棚多架层、集约化立体培育花菇。花菇是香菇产品中的上品,正常年景花菇干品的价位每千克均在 50～62 元,比普通商品菇干品价格高 68%,优质天麻花菇价格高于普通菇1～2 倍。同样原料,同样场地,只是培育管理方式不同,产品差价成倍,而且节省用地 60%,这是一种提高产品档次价格效益的手段。

### (四)组合栽培,争取综合效益

推广菇粮套种,如在东北地区玉米地套种香菇,取得粮菇双丰收;林果地间种、葡萄架下栽培香菇,浙江省庆元在菇棚

四周种滕本中药材瓜蒌等组合,都获得理想的经济效益。香菇与灵芝交替栽培,北方利用大棚秋冬种平菇、金针菇,夏季6～9月份安装水、温、空气调控器,用于培育香菇等。通过组合栽培发挥菇地和空间作用,提高综合效益。

**(五)实施绿色工程,创造品牌效益**

"崇尚自然,向往绿色"成为现代消费新潮。但现有绿色食品在市场的占有率不足 5%,而"绿标"食品的价格比一般产品高出 1 倍以上。香菇本来是绿色食品,但现有的生产程序尚未达到绿色食品标准的要求。因此,要从原料选择、培养基制作、菌种接种培养、出菇管理、采收加工的全程按照无公害、绿色、有机食品的要求进行标准化操作,并实行技术监控,提高产品安全性,使香菇产品顺利跨越国际市场设置的"三道门槛"(农药残留、重金属含量、病原微生物)。主产区要从这方面入手,积极创造条件,生产绿色产品,争取更佳的经济效益。

**(六)降低消耗,把好"四关",获取科学管理效益**

现在香菇生产成本增加的原因,一方面是菌袋成品率不高。有的产区从接种、发菌到菌袋下田、脱袋排场,成品率不足 85%,使成本增加 15%;另一方面灭菌灶结构不合理,燃料浪费,在出菇管理上病虫害侵袭,造成减产歉收。提高菌袋成品率,主要把好"四关",即原料关、装袋灭菌关、接种关、养菌关,从各方面减少和降低生产全过程的消耗,获取科学管理效益。

## (七)认真加工分级,提升产品档次,获取质量效益

产品加工技术好坏,直接关系到产品质量、价位和效益。要全面实行机械脱水烘干,并严格按照操作规程进行加工。产品要求"四无"(菇体无烤焦、朵形无破损、干度无欠标、品质无含硫)和"三达标"(感观标准、理化标准、卫生标准)。推广使用机械分级筛选机,使产品等级规格化,提高档次效益。此外,有条件的基地村和专业合作社,可直接与出口商和超市挂钩,实行订单供货,减少中间流通环节,争取直销效益。

# 第二章 香菇高效栽培配套设施

## 一、在栽培设施和材料上存在的误区

香菇袋料栽培的基本设施和材料主要是机械、房、棚和原材料三大系,在这几方面都存有误区。

### (一)房、棚界限不清

香菇袋栽法是"前半生住瓦房","后半生进草棚",前后生理、生态要求大不一样。前半生指的是菌袋培养阶段,又称发菌期,对环境要求干燥、避光、恒温,所以在房内培养为适;而后半生菌丝已达生理成熟,需搬到野外菇棚排场出菇,对环境要求潮湿、变动的温度、散射光线和清新空气。然而有的栽培者没掌握这个机制,把"房"与"棚"混为一体。因此,菌袋培养阶段误入潮湿环境,孳长杂菌,造成污染,致使成品率不高;有的因房室内光线照射菌袋,使培养基内水分散发,造成菌丝体脱水,影响后半生出菇率。在野外菇棚建造的环境及设施上,对香菇子实体生长发育不相适应,也不符合无公害栽培的要求,以致影响了产量和品质。

### (二)购置机械设备不对路

现行香菇生产的原料木材,需要加工成碎屑,以便配制培养基装袋。因此,有的生产单位购置了"四机"。其中切片机、粉碎机两机,不仅需要投资 4 200 元,而且操作场地占地面积大,两机并用,菇木经切片晒干后,再粉碎,多了一道工序;有的配置了老式拌料机,生产效率不高,操作麻烦。此外,香菇专用装袋机,有局限性,存在一季使用,三季休闲的情况。

### (三)原料含有杀菌物质

锯板厂、木器社、火柴厂等每年都产生大量锯木屑,可以收集用来栽培香菇。然而这些加工厂家的木材不是单一的,其树种甚杂。其中夹杂杉、松、樟、柏等,这些木材含有醇、醚、脂等杀菌物质,混入培养基中栽培香菇,接种后菌丝生长受到抑制,甚至菌丝不萌发。有的选用的树木是香菇适生树种,由于随时砍伐,随时加工木屑,随时用于栽培。使其木屑中含有单宁,会抑制香菇菌丝生长,导致菌丝前期生长缓慢,到了后期培养料腐熟有利于菌丝发育时,长菇季节已错过了,所以生物转化率低。

### (四)塑料袋配用不当

塑料薄膜袋是香菇培养基的包装物品,也是袋料栽培香菇必不可少的配套材料。常因塑料袋配合失误,造成装袋后进入灭菌阶段出现破裂、熔化。如低压聚乙烯原料的袋,能耐100℃,保持20小时的常压灭菌,但不宜高压灭菌;而聚丙烯原料的袋,宜高压灭菌,但质地不柔和,与培养料吻合性差;也有的因塑料袋质量差,针口多,接种后杂菌从口入侵,造成污染。

## 二、标准化房棚应具备的基本条件

栽培房棚应符合香菇生理、生态环境条件的需要和无公害生产的要求。

## (一)养菌室"四要求"

**1. 远离污染区** 养菌室应离食品酿造、禽畜舍、医院和居民区至少3 000米之外。

**2. 结构合理** 坐北朝南,环境清洁,空气流通,门窗安装防虫网,墙壁刷白灰。

**3. 无害消毒** 选用无公害的次氯酸钙药剂消毒。该药接触空气后迅速分解成对环境、人体及香菇生产无害的物质,消灭病原微生物效果较好。

**4. 物理杀菌** 安装紫外线灯或电子臭氧灭菌器等进行物理消毒,取代化学药物杀菌。

## (二)菇棚"五必须"

**1. 场地必须优化** 菇棚要求依山傍水,四周宽阔,空气流通,周围无垃圾等杂乱废物。

**2. 土壤必须改良** 菇棚内的土地深翻晒白后,灌水、排干、整畦。

**3. 菇床必须消毒** 采用生石灰或喷茶籽饼、烟茎浸出液等生物药剂,取代化学农药对菇床进行消毒杀虫。

**4. 水源必须洁净** 菇棚用水的水源要求无污染,水质清洁。最好采用泉水、井水和溪河流动的清水,而池塘水、积沟水不宜取用。

**5. 茬口必须轮作** 采取一年种农作物,一年种香菇。稻菇合理轮作,切断病虫传播链,减少病虫源积累,避免重茬加重病虫害。

## (三)产地环境安全指标

作为无公害香菇栽培的出菇场地,其生态环境应按 GB/T 184071—2001《农产品安全质量 无公害蔬菜产地环境要求》的国家标准,达到表 2-1,表 2-2,表 2-3 的标准,或者符合国家农业部农业行业标准 NY/T 391—2000《绿色食品产地环境技术条件》的要求。

**1. 土壤质量标准** 无公害香菇产地土壤质量要求,见表 2-1。

表 2-1 土壤质量标准

| 项 目 | | 指标(毫克/升) | | |
|---|---|---|---|---|
| | | pH<6.5 | pH6.5~7.5 | pH>7.5 |
| 汞 | ≤ | 0.3 | 0.5 | 1 |
| 总砷 | ≤ | 40 | 30 | 25 |
| 总铅 | ≤ | 100 | 150 | 150 |
| 总镉 | ≤ | 0.3 | 0.3 | 0.6 |
| 总铬 | ≤ | 150 | 200 | 250 |
| 六六六 | ≤ | 0.5 | 0.5 | 0.5 |
| 滴滴涕 | ≤ | 0.5 | 0.5 | 0.5 |

**2. 水源水质标准** 长菇用水的水质必须定期进行测定评价。采样原则和采样方法参照 GB/T 184071—2001,其平均值要求见表 2-2。

表 2-2 用水质量标准

| 项 目 | | 指标(毫克/升) |
|---|---|---|
| 氯化物 | ≤ | 250 |
| 氰化物 | ≤ | 0.5 |
| 氟化物 | ≤ | 3 |
| 总汞 | ≤ | 0.001 |
| 总砷 | ≤ | 0.05 |
| 总铅 | ≤ | 0.1 |
| 总镉 | ≤ | 0.005 |
| 铬(六价) | ≤ | 0.1 |
| 石油类值 | ≤ | 1 |
| pH 值 | ≤ | 5.5~8.5 |

**3. 空气质量标准** 栽培场地空间,要求大气无污染,空气质量指标要求不超过表 2-3。

表 2-3 环境空气质量标准

| 项 目 | 指 标 | |
|---|---|---|
| | 日平均 | 1 小时平均 |
| 总悬浮颗粒物(TSP)(标准状态)(毫克/米³) | 0.3 | |
| 二氧化硫($SO_2$)(标准状态)(毫克/米³) | 0.15 | 0.5 |
| 氟化物(F)[微克/(分米³·天)] | 5 | |

# 三、选择适用的机械设备

选购香菇生产机械设施,要从经济和实用两方面考虑。

### (一)原料切碎机

应选用菇木切碎机,这是一种木材切片与粉碎合成一体的新型机械(彩 26)。常见的有辽宁朝阳 MFQ-5503 菇木切碎两用机,福建 MQF-420 型菇木切碎机,浙江 6JQF-400A 型秸秆切碎机等。该机生产能力高达每小时 1 000 千克/台,配用 15～18 千瓦电动机或 11 千瓦以上柴油机。生产效率比原有机械提高 40%,耗电量节省 1/4,适用于枝丫、农作物秸秆和野草等原料的加工。

### (二)新型培养料搅拌机

该机由福建省古田县文彬食用菌机械修造厂研制(彩 27),获得国家发明专利(专利号:ZL200320106494.9)。该机具有四大特点。

**1. 结构合理** 以开堆机、搅拌器、惯性轮、走轮、变速箱组成,配用 2.2 千瓦电机及漏电保护器。

**2. 生产效率高** 堆料拌料量不受限制,只要机械进堆料场开关一开,自动前进开堆拌料并复堆,与漏斗式、滚筒式搅拌机对比,省去装料、卸料工序。因此,生产效率高达每小时 5 000 千克/台,比旧式拌料机提高 5 倍,而且拌料柔匀,有利于菌丝分解。

**3. 有废料打散功能** 种过菇耳的废筒,通过该机可以自动打散搅拌均匀,再用于种菇或作饲料、肥料。

**4. 灵活轻便** 机身自重 120 千克,体积 100 厘米×90 厘米×90 厘米(长×宽×高)占地面积仅 2 平方米,是我国当前食用菌培养料搅拌机械体积小,产量高,操作方便,实用性强的理想拌料机械设备。因此,产品面世后受到菇农欢迎,福建省内首先推广,并销往浙、赣、鄂、湘、川、陕、冀、豫、鲁及东北各菇区,并出口到日本、马来西亚等国家。每台出厂价3 880元。为方便菇农,该厂设立服务部,免费提供资料与光盘。地址:福建省古田县河东路5号,邮编:352200;咨询电话:0593-3856191,手机:13706027773。

### (三)培养料装袋机

主要用于培养料装袋,常用的有福建古田产WD-66型装袋机、辽宁朝阳产ZDⅢ(Ⅱ)型、河南兰考产ZD-A型等多功能装袋机,配用0.75千瓦电动机,普通照明电压,生产能力每小时800~1 000袋/台,配用多套口径不同的出料筒,可装不同折幅的栽培袋(彩28)。

自动化拌料输送装袋生产线,这是福建省机械研究院参考台湾"太空包"生产线,进行设计的一套适合国内香菇培养料搅拌、输送、装袋流水作业设备(彩30)。这套机组的工作程序为培养料振动过筛→搅拌→输送→冲压装袋。全程自动操作。占地面积12.5~14.5平方米,宽4.5米,适用于17厘米×37厘米或21厘米×57厘米等不同规格的塑料折角袋。全程流水线操作人员只需5~6人,生产能力1万~2万袋/10小时。培养料混合均匀,松紧适中,装袋高度一致,压料紧实,外型圆整,是我国香菇工厂化生产的理想设备(生产单位:福建省漳州兴业食用菌机械厂。咨询电话:0596-2927120)。

### (四)产品烘干机

**1.SHG电脑控制燃油脱水烘干机** 该机每次可加工鲜菇500千克(彩33)。

**2.LOW-260型脱水机** 其结构简单,热交换器安装在中间,上方设进风口,中间配 600 毫米排风扇;两旁设干燥箱,箱内各安装 13 层竹制烘干筛。箱底设热气口,箱顶设排气囱,使气流在箱内流畅,强制通风脱水干燥,是近年来广为使用的理想脱水机。鲜菇进房一般经 14～16 小时即可达到干燥标准,每台 1 次可加工鲜菇 250～300 千克。其结构见图 2-1。

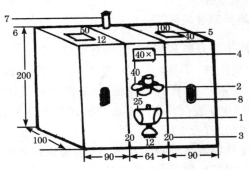

**图 2-1 LOW-260 型脱水机** （单位:厘米）

1. 热交换器　2. 排风扇　3. 热气口　4. 进风口

5. 热风口　6. 回风口　7. 烟囱　8. 观察孔

**3. 热水循环式干燥机**　此种机型是在隧道式干燥机原理的基础上,结合柜式干燥机特点,研制而成。供热系统由常压热水锅炉、散热管、贮水箱、管道及放气阀门、排湿等组成。燃料用煤、柴均可。采取热流循环,利用水的温差使锅炉与散热器之间形成自然对流循环,使供热系统处于常压下运行,较为安全。其干燥原理是锅炉产生的热水进入散热器后,将流经散热器的空气进行加热。在风机产生运载气流作用下,将热量传给待干制的鲜菇;同时利用风流动,不断地把蒸发出来的水分带走,以达到菇品干燥的目的。在这种干燥系统中,气流受阻力较小,干燥室内温度均匀,干燥速度一致。烘房内设

90厘米×95厘米烘筛80个,1次可摊放鲜菇700千克。烘出的干燥香菇色泽均匀,朵型完整,产品档次高,专业性加工厂(场)必备。该机组结构见图2-2。

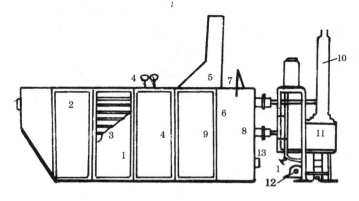

**图2-2　热水循环式干燥机结构**

1. 左风机　2. 烘干房　3. 烘筛　4. 温度计　5. 排湿室
6. 余热回收门　7. 冷风门　8. 热交接器　9. 贮水箱
10. 烟窗　11. 热水锅　12. 鼓风机　13. 右风机

## (五)料袋灭菌设备

无公害香菇生产的灭菌设备,是香菇无公害生产的一种重要设备。包括菌种制作所需的高压杀菌锅和香菇生产料袋灭菌所需的常压灭菌灶两类。

**1. 高压杀菌锅**　原种和栽培种生产数量多的单位,必须选用立式或卧式高压杀菌锅。其规格分为1次可容纳750毫升的菌种瓶100个、200个、260个、330个不等。除安装有压力表、放气阀外,还有进水管、排水管等装置。卧式高压菌锅(彩31)操作方便,燃料用煤、柴草均可。高压杀菌锅的杀菌原理是:水经加热产生蒸汽,在密闭状态下,饱和蒸汽的温度随压力的加大而升高,从而提高蒸汽对细菌、真菌及孢子的穿透力,在短期内可达到彻底灭菌的目的。因此是菌种厂必备的生产设备。

**2. 蒸汽炉节能灭菌灶** 这是由蒸汽炉和框架罩膜组成的常压灭菌灶。常见的蒸汽炉有浙江省庆元菇星节能机械公司生产的 GLSG 常压灭菌蒸汽炉,还有河南省西峡生产的 CMQ-5 型常压蒸汽炉、辽宁省朝阳市生产的 WQS 常压热水锅炉。栽培者也可以利用汽油桶加工制成蒸汽发生器。这些灭菌设备具有出气量大、热能利用率达 83% 以上的优点,比传统灭菌灶可节省燃料 60% 多,操作方便,每次灭菌的料袋数量可多可少,多的 3 000～4 000 袋,少的 1 000 袋均可,一般栽培户均适用。灶体结构见图 2-3。

**3. 钢板锅大型灭菌灶** 这是福建省古田县近年来在大规模香菇生产中设计的一种灭菌设备(彩 29)。该灶由砖砌成长方形的灶台,装配钢板制成的平底锅。锅上安装 8 条木桩,料袋重叠装在离锅底 20 厘米的垫条上,然后罩薄膜和篷布,1 次可灭菌 6 000～10 000 袋。其灶体规格不同,一般长 280～350 厘米,宽 270～350 厘米,高 60～80 厘米。灶体砌成半地下式,其中地平面以下 40～45 厘米,地平面以上 20～35 厘米,方便装卸料袋。灶台正面上半部为炉膛,长与灶体相同,设 2 个燃烧口,宽 40～43 厘米,高 55～60 厘米,内装活动炉排;下半部为通风道口及清灰坑。灶台对面用砖砌成烟囱,烟囱高度视灶体大小而定,一般高 350～500 厘米。烟囱内径下大上小,下部 36 厘米×36 厘米至 60 厘米×80 厘米,上部 24～45 厘米。燃料用木柴或蜂窝煤。蜂窝煤每铁筐装 160 块,一个燃烧口进 2 筐,2 个燃烧口 1 次进 4 筐,共 640 块。灶台上的平底锅采用 0.4 厘米的钢板焊接制成,长宽与

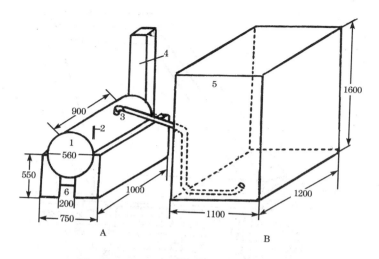

**图 2-3　蒸汽炉节能灭菌灶** （单位：毫米）

A. 蒸汽炉　B. 灭菌箱框

1. 油桶　2. 加水孔　3. 蒸汽管　4. 烟囱　5. 灭菌箱　6. 火门

灶台相等，高 60～70 厘米。锅口缘旁宽 12～15 厘米，设有加水口和排水口及水位观察口。四周设钢钩和压力紧固件，供袋料装灶罩膜盖布后，扎绳紧固（彩 20）。

**4. 移动式蜂窝煤罩膜灭菌灶**　四川省菇农在食用菌生产实践中摸索、改进了传统的培养基灭菌固定灭菌灶结构，根据当地燃料资源和应用方便，采用移动式蜂窝煤钢板锅罩膜灭菌灶。每灶容量 1 500～3 000 袋（22 厘米×43 厘米袋），造价仅需 1 500～2 000 元；灭菌过程耗用蜂窝煤 200～300 块，成本 60～90 元，灭菌效果好，操作方便，因此很快普及推广应用。其结构见图 2-4。

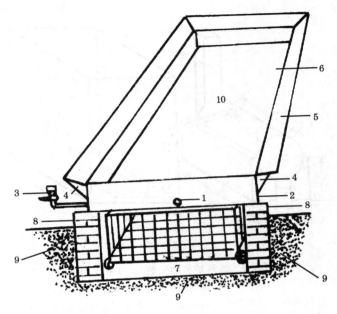

**图 2-4　移动式蜂窝煤罩膜灭菌灶构造　（正面观）**

1. 水位观察镜　2. 排污阀　3. 进水阀　4. 边台板撑柱　5. 边台板
6. 立柱插孔　7. 蜂窝煤车　8. 砖石柱(支撑灶体)　9. 地剖面
10. 灶箱体(长 2.4 米,宽 1.8 米,高 30 厘米,边台板宽 25 厘米)

# 四、高效栽菇对原辅料的要求

香菇高效栽培取决于"一料、二种、三管理"。料排在首位是因为培养料是产菇的基质,是基础。为此,原料必须符合质量要求。

（一）主要原料

香菇为木腐生菌，凡富含木质素、纤维素的原料均适于做培养基，常用的原料为木屑、秸秆、甘蔗渣、野草等。

**1. 木屑类**　木屑是现行袋栽香菇的主要原料。收集木屑时注意以下几点。

（1）选择适用树种　适合栽培香菇的树种，据不完全统计有 200 多种。总的来说，除含有油脂、松脂酸、精油、醇类、醚类以及芳香性抗菌、杀菌物质的树种，如松、杉、柏、樟、杨槐、夜恒树等不适用外，一般的木料均可使用，尤以材质坚实，边材发达的壳斗科、桦木科和金缕梅科的阔叶树种较为理想。

（2）干燥加工处理　树木砍伐后，生机停止了，但细胞并未死亡，如果直接将鲜木料加工成木屑用来培育香菇，不利于菌丝生长。因此，菇木必须经过干燥后再加工成木屑。由于袋料栽培香菇在全国各地大面积推广，木屑使用量增大，大部分地区不分季节，随砍随用。由于树木中的单宁等没有挥发，接种后香菇菌丝一时难以分解养分，致使冬菇产量极少。待到翌年春季，虽然基质养分可以分解了，但季节已过，气温高，生产周期结束，造成春菇产量也受影响。无论是什么季节砍伐的树木，均要求砍后晒干，然后加工成木屑，收集成堆。适于栽培香菇的树木，一般单宁含量较高，通过堆积后，单宁量将大大减少，有利于香菇菌丝生长。木屑的细度要求能通过孔径 4 毫米的筛。木屑使用前需要过筛以清除杂物及尘、刺、木片，以免刺破料袋。

（3）下脚料收集　伐木场、木器社、锯板厂、火柴厂在木材加工时剩下的枝丫、边角料、碎屑，可收集起来作为香菇培养料，但应选择适合种菇的树种。由于加工厂的边角、碎屑含有较多的水分,所以收集时应及时晒干。在收集时注意两个方面:一是有的木器加工厂为了防止木料变形先采用草酸浸泡木材,然后再烘烤定形,这样的边材碎屑,由于养分受到破坏,用于栽培香菇是不理想的;二是防止混杂有杉、松等含杀菌物质树种的木屑。

**2. 秸秆类** 我国农村每年均有大量的农作物秸秆、芯壳,如棉籽壳、玉米芯、葵花籽壳、黄麻秆、大豆秆、甘蔗渣等,这些下脚料,过去大都作为燃料烧掉,十分可惜。这些秸秆是栽培香菇的原料之一,而且营养成分十分丰富,有的比木屑还好。

(1)玉米芯 脱去玉米粒的玉米棒,称玉米芯,也称穗轴。玉米芯加配其他辅料,补充氮源,可作为袋栽香菇原料。玉米芯要求晒干,粉碎成绿豆大小的颗粒,不要粉碎成粉状,否则会影响培养料通气,造成发菌不良。

(2)甘蔗渣 甘蔗榨取糖汁后的下脚料称为蔗渣。一般取用糖厂刚榨过糖的新鲜蔗渣,及时晒干后贮藏备用。没有充分晒干、久贮结块、发黑变质、有霉味的蔗渣不宜采用。在新鲜甘蔗渣中,以细渣为好。若是带有蔗皮的粗渣,要经过粉碎筛选后再使用,以防刺破栽培袋。

(3)其他秸秆 木薯秆、大豆秸、葵花籽秆、高粱秆、玉米秆、黄麻秆以及花生壳、葵花籽壳、谷壳、稻草等均可作袋料。这类原料要求不霉变、不腐烂,使用时要粉碎成木屑状。

**3. 野草类** 野草可以代替木屑作栽培香菇的原料,主要有芒萁、类芦、芦苇等。这一新技术是福建农学院林占禧教授等科研人员研究成功的,为我国发展香菇生产又找到了一类新原料,该成果已推广到国内外。

### (二)辅助原料

**1. 麦麸** 麦麸是小麦子粒加工面粉时的副产品。是麦粒的表皮、珠心和糊粉的混合物,在香菇制种和栽培中,是一种优良的辅料。在香菇生产上,它既是优质氮源,又是富含维生素 $B_1$ 的添加剂,一般用量不超过 20%,是香菇栽培不可缺少的辅料之一。

**2. 米糠** 米糠是稻谷加工白米时的副产品,又叫谷糠,是香菇生产的辅料之一,可取代麦麸。选择时要求用不含谷壳的新鲜细糠,因为含谷壳多的粗糠,营养成分低,对香菇产量有影响。米糠极易被螨虫侵食,宜放干燥处,防止潮湿。

**3. 玉米粉** 玉米粉因品种与产地的不同,其营养成分亦有差异。在香菇培养基中加入 2%~3% 的玉米粉,增加碳素营养源,可以增强菌丝活力,产量显著提高。

## 五、培养料中常用的添加剂

培养料配方中常采用石膏粉、碳酸钙以及过磷酸钙、尿素等化学物质。有的以改善培养料化学性状为主,有的是用于调节培养料的酸碱度(pH 值),常用添加剂有以下几种。

### (一)石　膏

石膏的化学名称叫硫酸钙,弱酸性,分生石膏与熟石膏两种,化工商店经营的石膏即可作为栽培香菇的辅料使用。在香菇生产上广泛用固体作培养料中的辅料。主要作用是改善培养料的结构和水分状况,增加钙营养,调节培养料的 pH 值。一般用量 1%~2%。

**(二)碳 酸 钙**

碳酸钙的纯品为白色结晶或粉末,极难溶于水中,水溶液呈微碱性,因其在溶液中能对酸碱起缓冲作用,故常用作缓冲剂和钙素养分别添加于培养料中,一般用量 1%～2%,为降低成本,实际使用时常用重质碳酸钙。

**(三)过磷酸钙**

过磷酸钙是磷肥的一种,也称磷酸石灰,为水溶性,灰白色或深灰色或带粉红的粉末。有酸的气味,水溶液呈酸性,用量一般为 1%左右。

**(四)尿 素**

尿素是一种有机氮素化学肥料,也称"脲"。在香菇生产中,常用于培养料补充氮素营养,其用量一般为 0.1%～0.2%。

**(五)硫 酸 镁**

硫酸镁又称泻盐,无色或白色结晶体,化学分子式 $MgSO_4$,易风化,有苦咸味,可溶于水。它对微生物细胞中的酶有激活作用,促进代谢。在培养基配方中,一般用量为 0.03%～0.05%,有利于菌丝生长。

# 六、栽培基质的安全要求

香菇栽培原料及添加剂应符合国家农业部发布的 NY 5099-2002《无公害食品 食用菌栽培基质安全技术要求》。

为此,原辅材料要注意把好"四关"。即采集质量关:原材料要求新鲜、无霉烂变质;入库灭害关:原料进仓前应经过烈日曝晒,杀灭病原菌和害虫;贮存防潮关:仓库要求干燥、通风、防雨淋、防潮湿;堆料发酵关:原料使用时,提前堆料曝晒,有利于杀灭潜伏在料中的杂菌与害虫。经灭菌后的基质需达到无菌状态,不允许加入农药拌料。无公害基质添加剂使用要求标准见表2-4。

表2-4  栽培基质化学添加剂使用规定

| 添加剂种类 | 使用方法和用量 |
|---|---|
| 尿　素 | 补充氮源营养,0.1%～0.2%,均匀拌入栽培基质中 |
| 硫酸铵 | 补充氮源营养,0.1%～0.2%,均匀拌入栽培基质中 |
| 碳酸氢铵 | 补充氮源营养,0.2%～0.5%,均匀拌入栽培基质中 |
| 氰氨化钙(石灰氮) | 补充氮源营养和钙素,0.2%～0.5%,均匀拌入栽培基质中 |
| 磷酸二氢钾 | 补充磷和钾,0.05%～0.2%,均匀拌入栽培基质中 |
| 磷酸氢二钾 | 补充磷和钾,用量为0.05%～0.2%,均匀拌入栽培基质中 |
| 石　灰 | 补充钙素,并有抑菌作用,1%～5%,均匀拌入栽培基质中 |
| 石　膏 | 补充钙和硫,1%～2%,均匀拌入栽培基质中 |
| 碳酸钙 | 补充钙,0.5%～1%,均匀拌入栽培基质中 |

# 七、塑料袋的规格质量要求

塑料薄膜栽培袋是香菇生产的容器,其规格质量要求如下。

## (一)规格要求

用高密度低压聚乙烯(HDPE,又称低压聚乙烯)原料加工制成的筒料,呈白色蜡状,半透明,柔而韧,抗张强度好,抗折率强,能耐高温 115℃～135℃,是袋栽香菇常用的理想薄膜袋筒料。常见规格有筒径折幅度宽 15 厘米、17 厘米、20 厘米、25 厘米,薄膜厚度 0.4,0.5,0.6 毫米。香菇大面积栽培实践表明,筒径折幅 15 厘米(周长 30 厘米,直径 9.5 厘米),薄膜厚度 0.4～0.5 毫米规格的较为适合。北方气候干燥,水分失散快,培育花菇的袋规格需适当加大。河南省西峡采用 17 厘米,也有的地方采用 20 厘米,河南省泌阳采用 25 厘米大袋。

## (二)质量检测

优质塑料筒料的质量标准要求达到:一是薄膜厚薄均匀、筒径扁宽,大小一致;二是料面密度强,肉眼观察无沙眼,无针孔,无凹凸不平;三是抗张强度好,剪 2～4 圈拉不断;四是耐高温,装料后经 100℃灭菌,保持 16～20 小时不膨胀、不破裂、不熔化。

## (三)制袋方法

香菇栽培袋的长度为 55 厘米,工厂生产出来的筒料是卷成圆捆,一般每捆 10 千克左右。每千克筒料可裁制成栽培袋 160 个。制袋时先把筒料解开,缠绕在 55 厘米长的木板上。缠绕 10～20 层后,用裁刀或刀片割成一段段袋料,每 100 段扎成一小捆。然后用棉纱线或编织带,把每一段筒料的一端扎紧,口端与筒料距离 1 厘米左右。然后把口端剩余的薄膜反折过来,再用纱线扎捆牢固,即可密封。也可以将已扎口薄膜的小束一端,朝向加热的铁板上热烫,或置于蜡烛火焰上灼烧,使端头塑料熔化,随即用水冷却,凝结成粒状密封,即成香菇栽培袋。近年来有的塑料加工厂也生产一种一端封口袋,使用比较方便,可供选用。

# 第三章 科学引种制种,打造
## 高效种菇基础

## 一、引种常见误区

香菇生产中引进的菌种,是否符合当地气候和生产季节及栽培方式,将直接影响香菇产量高低和品质的优劣。如果引种不能对号入座,必然造成产量低,菇体品质差,使经济效益下降,这是属于引种的技术性失误。在引种上常见误区有以下几种。

### (一)引种时间误差

引种指的是从科研部门引进母种,然后自行扩大原种和栽培种。引种在时间上常发生失误的是超前引种、超前制作栽培种,结果菌种成熟了,而离栽培的时间相差30~40天,直到季节来临时,菌种已老化,接种后菌丝失去活力。也有的是引种时间太迟,结果栽培季节已到,而菌种的菌丝还没走到50%,待菌丝走到底后,错过了栽培季节。

### (二)引种不对路

盲目引种表现在引进的菌株与栽培区域所处的海拔和栽培方式不适合。如低海拔地区误引低温型菌种,必然失利。广东省四会县一家柑橘场引用 L-856 菌株,秋季接种,由于南方气温高,菌袋积温上得快,45 天就出菇,结果尽长纽扣大的小菇、薄菇,产量极低。也有的菇农引进的菌种,不符合当地的栽培方式,如不符合反季节立筒栽培或埋筒覆土栽培,以及露地立筒栽培和架层式培养花菇等模式的要求,结果达不到预定的产菇数量、品质,造成减产、歉收,甚至失败。

### (三)菌种引进疏忽检查

曾发现过有个菇场,向外引进香菇试管母种 10 支,栽培结果出现有一部分菌筒不长香菇,却长出平菇来了。经查找原试管,才发现有一支贴有平菇标签。许多菇类的菌丝都是白色,制种单位如果没分品种存放或没有逐一贴瓶标,就会发生混乱,造成差错。

### (四)制种设施与技术不合格

香菇秋栽的菌种制作,一般都在 6～7 月份高温期,一些制种户培养室没安装空调降温,结果菌种受高温侵袭,菌丝变黄衰退。有的菇农缺乏制种基本知识,随意进行扩制栽培种,结果接种后大量菌种被污染,致使菌种成品率不到 50%,不仅加大了成本,更主要的是种质低劣,造成栽培失败或歉收。

## 二、菌种供应单位的选择和引种

### (一)制种单位资质认定

香菇菌种分为母种、原种和栽培种 3 个级别。菌种生产和销售单位必须经上级农业行政部门资质认定,具备制种设施、专业科技人员、合格的制种工艺,并有《工商营业执照》、《菌种生产许可证》方可生产和销售菌种。随着食用菌科学技术的普及,凡具备有制种专业技术的菇农,可以从上述单位引进母种,自行扩大培养原种和栽培种,用于生产;有扩大栽培菌种实践经验的菇农可购进原种,自行扩大培养栽培种,用于生产香菇,降低成本。

## (二)选种先选可靠的制种人

引种首先选择种源单位。对天花乱坠的广告宣传,要引起注意,不可轻信盲从。引种前,先考核供种单位生产菌种的人,其菌类知识、专业技术、服务态度,菌种质量及其信誉程度;在引种时要咨询有关种质与菌种性状。

## (三)菌种进门严格把关

菌种进门必须做到"三看":一看标签上的菌种名称,菌株代号、接种时间,是否符合所要求的品种;二看试管或菌种瓶壁的菌丝生长是否旺盛健壮,有否间断、污染或老化;三看管口或瓶口棉花塞是否松脱,管、瓶有无破裂。逐项认真检查,把问题发现在制种之前,免于失误。

## (四)菌种不宜无限扩大

母种要求纯度高,转管、扩大不超过 4 次。事实表明,长期无限制的转管、扩大,在操作过程中不可避免会发生菌种退化,甚至会感染某些病菌,必将给生产带来严重损失。

# 三、划分香菇菌种温型与适用范围

香菇菌种总体而言属于中低温型的菌类,其菌丝生长耐低温但不耐高温,一般 5℃～32℃均可,以 25℃～27℃为最

佳,超过 34℃ 以上则受到严重伤害,直至死亡。子实体生长
温度 5℃～25℃ 均可,在子实体原基分化形成时,最适温度为
15℃±1℃～2℃。高温菌株能耐 15℃～28℃,中温菌株为
10℃～22℃,低温型菌株为 5℃～18℃。尽管各菌株之间的
温型有差异,但它们出菇的中心温度"交接点"均在 15℃ 左右
为最适,而且属于变温结实性,为需要温差刺激的菇类。由于
菌株之间的温型不同,所以生产区域的适应范围也有差别,适
应范围是以海拔高低和生产季节与栽培模式而定的。为了避
免引种失误,表 3-1 供参考对照。

表 3-1　常见的香菇菌株温型与适用范围

| 菌株代号 | 温　型 | 出菇中心温度(℃) | 菌龄(天) | 适用范围(数字指产地海拔高度) |
|---|---|---|---|---|
| L-856 | 中温偏低 | 8～22 | 60～65 | 300～500 米,秋栽露地立筒长香菇或架层培育花菇 |
| 农 7 | 中温偏低 | 8～22 | 65～70 | 300～500 米,秋栽露地立筒长香菇或架层培育花菇 |
| L-087 | 中温偏低 | 8～22 | 65～70 | 300～500 米,秋栽露地立筒长香菇或架层培育花菇 |
| Cr-02 | 中温偏低 | 8～22 | 55～60 | 300～500 米,秋栽露地立筒长香菇或架层培育花菇 |
| 9018 | 中温偏低 | 12～20 | 60～65 | 300～500 米,秋栽露地立筒,秋、冬、春长香菇 |
| L-135 | 中温偏低 | 6～18 | 180～200 | 600 米以上,春栽架层培育,秋、冬长花菇 |
| 9015 | 中温偏低 | 8～22 | 90～120 | 600 米以上,春栽架层培育,秋、冬长花菇 |

| 菌株代号 | 温 型 | 出菇中心温度(℃) | 菌龄(天) | 适用范围(数字指产地海拔高度) |
|---|---|---|---|---|
| 南花103 | 中温偏低 | 8～22 | 100～180 | 600米以上,春栽架层培育,秋、冬长花菇 |
| Le-13 | 低 温 | 8～18 | 60～65 | 西北区秋栽露地立筒,秋、冬、春长香菇 |
| 9101 | 低 温 | 7～18 | 60～65 | 东北区秋季堆料地栽,秋、冬、春长香菇、花菇 |
| N-06 | 低 温 | 8～20 | 60～70 | 华北区秋栽大棚架层培育,秋、冬、春长花菇 |
| 241-4 | 低 温 | 7～20 | 160～200 | 600米以上,春栽露地立筒,秋、冬、春长香菇 |
| 939 | 低 温 | 8～20 | 160～180 | 600米以上,春栽架层培育,秋、冬长花菇 |
| Cr-66 | 中 温 | 9～23 | 60～75 | 300～500米,秋栽露地立筒长香菇,也适架层育花菇 |
| Cr-62 | 中 温 | 9～23 | 60～70 | 300～500米,秋栽露地立筒长香菇,也适架层育花菇 |
| L-26 | 中 温 | 10～24 | 65～70 | 300～500米,秋栽露地立筒,秋、冬、春长香菇 |
| 申香9号 | 中 温 | 12～18 | 60～70 | 300～500米,秋栽露地立筒长香菇,也适架层培育花菇 |
| 苏香1号 | 中温偏高 | 10～25 | 60～75 | 300米以下低海拔地区,秋栽露地立筒秋、冬、春长菇,300～600米地区,春栽埋筒埋土夏、秋长菇 |

| 菌株代号 | 温 型 | 出菇中心温度(℃) | 菌龄(天) | 适用范围(数字指产地海拔高度) |
|---|---|---|---|---|
| 原亚 1 号 | 中温偏高 | 10～25 | 70～75 | 低海拔地区,秋栽露地立筒冬春长菇,300～600 米,春栽埋筒覆土夏、秋长菇 |
| Cr-04 | 中温偏高 | 10～23 | 70～80 | 低海拔地区,秋栽露地立筒秋冬、春长菇,300～600 米春栽埋筒覆土,或 700 米以上露地立筒夏秋长菇 |
| Cr-20 | 中温偏高 | 12～26 | 70～80 | 300 米以下海拔地区,秋栽露地立筒冬、春长菇,300～600 米春栽埋筒覆土,或 700 米以上露地立筒夏、秋长菇 |
| 武香 1 号 | 高 温 | 16～25 | 70～80 | 反季节栽,500 米以上埋筒覆土,700 米以上露地立筒,夏、秋长香菇 |
| 8001 | 高 温 | 14～26 | 70～75 | 反季节春栽,500 米以上埋筒覆土,700 米以上露地立筒,夏、秋长香菇 |
| 广香 47 | 高 温 | 14～28 | 70～80 | 300 米以下低海拔地区,秋栽露地立筒冬、春长菇,500 米以上地区,春栽埋筒覆土,700 米以上地区,露地立筒,夏、秋长菇 |
| 8500 | 高 温 | 13～26 | 70～80 | 300 米以下低海拔地区,秋栽露地立筒冬、春长菇;500 米以上地区,春栽埋筒覆土,700 米以上地区,露地立筒,夏、秋长菇 |
| 兴隆 1 号 | 高 温 | 14～28 | 70～80 | 北方高寒地区反季节春栽,露地立筒,夏、秋长菇 |

香菇不同菌株产出的子实体形态见彩 3。

# 四、制作香菇原种

香菇原种制作的时间是以香菇栽培接种日期为界线,提前 80 天左右开始。原种生产工艺流程:配料→装瓶→灭菌→接种→培养→选优→鉴定。

## (一)配　料

原种培养料选择新鲜无霉变的杂木屑、麦麸等原辅料混合而成,常用配方有两种。

**1. 配方一**　杂木屑 77.5%,麦麸 20%,蔗糖 1%,石膏粉 1.2%,硫酸镁 0.3%,含水量 60%,灭菌前 pH 值 6.5～7。

**2. 配方二**　杂木屑 78%,米糠 17.5%,玉米粉 2%,蔗糖 1.2%,碳酸钙 1%,硫酸镁 0.3%,含水量 60%,pH 值 6.5～7。

**3. 配制方法**　按比例称取木屑、麦麸或米糠、蔗糖、硫酸镁、石膏粉、碳酸钙。先把蔗糖、硫酸镁溶于水中,其余干料混合拌匀后,加入糖水反复搅拌均匀,含水量掌握在 60% 为宜。

原种容器应采用玻璃菌种瓶。装料时要求装得下松上紧,松紧适中,过紧缺氧,菌丝生长缓慢;过松菌丝易衰老,影响活力,一般以翻瓶料不倒出为宜。装料后在培养基中间钻 1 个 2 厘米深、直径 1 厘米粗的穴口。然后用棉花塞口,清水洗净,擦干瓶面,再用牛皮纸包住瓶颈和棉塞。

## (二)灭　菌

培养料装瓶后搬进高压杀菌锅内灭菌。高压锅应先放尽冷气,以 147.1 千帕,保持 2 小时。常压灭菌 100℃保持 8 小时。达标后启开锅门,让蒸汽徐徐排出,然后料瓶出锅,排放于室内散热。

### (三)接　种

培养基经过冷却到 28℃以下时,方可用于接种。接种前用清洁的纱布或毛巾浸入 0.1% 高锰酸钾溶液中,浸湿后拧去多余的药液,把瓶外壁擦干净;然后连同香菇母种、接种工具一起搬到接种箱或无菌室内。在无菌条件下将香菇试管母种割成 4～5 小块,每瓶接入带有琼脂培养基的母种一块。接入瓶内料面的种穴中,每支试管母种扩接原种 4～5 瓶。母种扩接原种操作方法见图 3-1。

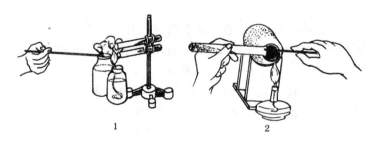

1                                2

**图 3-1　母种扩接原种**
1. 支架固定接种法　2. 对口接种法

### (四)培　养

菌种瓶移入培养室中,排放于培养架上,初始阶段培养室温度控制在 24℃～26℃为好;接种 15 天以后,室温宜控制在 20℃～22℃。培养室的空气相对湿度应控制在 70% 以下,湿度高易发生杂菌污染。每天打开门窗通风换气 1 次,降低二氧化碳浓度。气温高时通风应选傍晚至凌晨时进行,气温低时通风宜在中午进行。香菇菌种培养不需光照,在黑暗条件下菌丝生长旺盛、浓白,而强光照反而会抑制菌丝生长。因此,菌种培养要避免强光照射。

菌种培养过程中要经常进行检查。接种后 7 天至菌丝布满培养料表面时,是检查杂菌的关键时期,一旦发现培养瓶中长有杂菌,应及时淘汰。在适宜的培养条件下,原种培养40~45 天菌丝可长满瓶,即可用于扩大栽培种。如果已培育好的菌种一时未能应用于生产,要及时存放于阴凉、干燥、通风、避光场所,有条件的可将菌种移至低温冷库中存放,更为理想。

# 五、制作香菇栽培种

栽培种制作时间,应以香菇菌袋接种日为界线,提前35~40 天开始制作,根据不同地区的不同栽培季节,秋栽的可在 6 月下旬或 7 月中旬制作;春栽的应于 10 月份至 12 月份制作。每瓶原种可扩大栽培种 60~80 瓶,栽培种菌龄为 40 天左右,即可用于香菇生产。栽培种有木屑菌种、竹木签菌种、麻秆条菌种及胶囊型菌种之分。这里侧重介绍适合一般制种户和菇农自制栽培种的操作方法。

## (一)木屑栽培种

木屑栽培种是使用较为普遍的生产种。其培养基配方及生产工艺流程与原种基本相同。即配料拌匀→装袋→灭菌→冷却接种→培育管理→选优去劣→鉴定。

香菇栽培种培养多采用 14 厘米×28 厘米的聚丙烯菌种袋,袋口采用套环加棉塞或无棉塑料盖均可,装袋方法见图

3-2。灭菌、接种、培养参照原种操作。

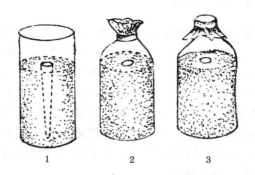

**图 3-2  菌种袋装料**
1. 装料打洞  2. 套环制口  3. 包纸捆扎

## (二)竹木签栽培种

竹木签菌种的制作方法比较简单。先将竹、木按长 10 厘米锯断,再劈成 0.6 厘米×0.6 厘米的小方条,一端削尖,晒干;然后放入 1%～2%的蔗糖水溶液中浸 12 小时,吸足营养液。若气温高,可将 1%糖水溶液与枝条一起置于锅内煮至透心;捞起后按 5 份枝条和 1 份配制好的木屑培养基搅拌均匀,装入菌种袋或菌种瓶内。装入时把尖头向下,松紧适中,以装满为度。14 厘米×28 厘米的菌袋,每袋可装 160 支;750毫升的菌种瓶,每瓶可装 120～140 支。装后在表面再加一层2 厘米厚的木屑培养基,棉花塞口;然后通过高压锅灭菌,以147.1 千帕,保持 2 小时,冷却至 28℃以下时接入香菇原种。接种时将菌种捣碎,撒于培养基上或整块菌种放在培养基上均可。在 25℃条件下培育 30 天左右,竹木签上就布满了菌丝,即为竹木签菌种。

### （三）麻秆条栽培种

麻秆条菌种制作简易,适合麻区发展香菇袋料栽培生产。原料为红、黄麻秆,截成 3 厘米长,一端呈斜面,另一端为平面,置于含 2％蔗糖,2％石膏粉,0.3％尿素和 0.1％磷酸二氢钾的溶液中,浸泡 4～6 小时。麸皮(或米糠)用以上滤出的浸液,调至含水量 60％。然后将麻秆条装入罐头瓶或塑料菌种袋内,边装麻秆条,边用湿麦麸填充间隙。装满后表面再盖一薄层麦麸,用薄膜封扎瓶口;袋装的袋口上好套环,棉花塞口。按常规灭菌、接种、培养。

# 六、保藏香菇菌种

菌种保藏的目的,在于使菌种经过较长时间后仍能保持其优良性状,降低其衰亡速度,确保菌种的纯度,防止杂菌污染。菌种保藏通常用干燥、低温或减少氧气供给等方法,降低菌丝体的代谢速率,使之处于休眠状态。

### （一）母种保藏方法

**1. 冰箱保藏法**　这是最简便,最常用的方法。将母种放入 4℃左右的冰箱内保藏,每隔 3 个月移接 1 次,以补充营养和水分,培养后再行保藏。保藏菌种使用的培养基:马铃薯 250 克,葡萄糖 20 克,磷酸二氢钾 1 克,硫酸镁 0.5 克,琼脂 20 克,水 1 000 毫升,pH 值 5.5～6。为延长保藏期,试管口处要用塑料膜包扎。

**2. 液体石蜡保藏法**　在斜面菌种试管内灌注无菌液体石蜡,注入量以浸没试管斜面上方 1 厘米为宜,使菌丝与空气隔绝,降低其新陈代谢的活动;然后在棉塞处包扎塑料膜,直立放于室内干燥处或低温下保藏,一般可保存1～2年。移接时,液体石蜡不必倒掉,用接种环挑取菌丝体,用无菌水冲洗后,接入斜面培养基上,第一次转管菌丝生长较弱,再经1次转管即可恢复正常生长。无菌液体石蜡的制备,是将液体石蜡在9.8×104帕压力下灭菌30分钟。由于灭菌过程中使水进入,使石蜡变浑浊,应将灭菌后的石蜡放入30℃～40℃的温箱中,使水分蒸发后再使用。

**(二)原种和栽培种保藏方法**

菇农购回原种和栽培种若已经达到生理成熟,但因扩制或栽培某些环节一时来不及的,其保藏方法是将菌种排放于经消毒的室内,注意避光、控温、通风、防潮。有条件的应安装空调,把室温调到5℃保藏,防止菌种老化。

# 第四章 实施反季节栽培,巧取季节差价效益

## 一、香菇产品反季节入市的特点

香菇产品反季节入市,也就是抓住每年国内外常规产菇结束的夏季,把香菇生产出来,打入市场。此时货源缺乏,商品价位好,一般夏季香菇鲜品,在产地收购价每千克都在 6～9 元,有时高达 8～12 元,比常规栽培的秋、冬菇价位高出 1～2 倍,栽培效益可观。

产品反季节入市就必须采取反季节生产。香菇常规栽培是顺应自然气候条件长菇,每年秋季接种培养,当年秋、冬和翌年春季长菇;而反季节栽培则应改为春季接种培养菌袋,夏季长菇。而此时气温较高,管理技术比常规难。

## 二、反季节栽培常见误区

反季节栽培自然气温对香菇子实体生长不利。因此,在生产上常误入歧途,造成事与愿违。常见的误区及危害有以下几方面。

### (一)保护设施没跟上,菇蕾萎死

香菇反季节栽培春季接种后,菌袋培养阶段气温由低逐步上升,菌丝生长无问题,然而进入子实体生长阶段,正值一

年四季气温最高的季节。多因利用常规栽培的菇棚,没增加保护设施,致使生态环境不适宜,造成脱袋后菌筒不转色,甚至菇蕾出现就枯萎死亡。

### (二)菌株不对号,菌丝解体

反季节栽培适用的香菇菌株,必须是中温偏高型或高温型。其菌株特性是抗逆力强,能耐受限定的极高温,并能正常长菇。常因误用中温偏低或中温菌株,如 Cr-02、L-087、Cr-62、9018 等,结果进入夏季长菇期,菌丝经不起高温侵袭,造成萎黄松软,最后菌筒解体,子实体难以形成或长出劣质菇。

### (三)菌袋培养失控,错过长菇期

反季节栽培的菌袋接种一般为 1～3 月份进行,发菌培养 2～3 个月,进入 5 月份菌袋下田,脱袋覆土长菇。有些栽培户所处的海拔较高,1～2 月份气温低于 10℃,没采取加温措施,致使菌丝生长缓慢,直至脱袋期 5 月份已到,而菌丝长势仅达 60%,不符合下田标准,只好继续培养至 6 月份才下田,结果错过 1 个月长菇期。也有的菇农提前在 12 月份接种菌袋,长至 5 月份菌丝上半部发生老化,也影响长菇。

### (四)转色管理不得法,菌筒霉烂

菌筒在转色期需通风与保湿,通风与保温之间有矛盾。一般误认为要通风就难以保温,要保温就不能通风,结果有的菇农将脱袋后的菌筒排放在畦床后,用薄膜罩得密不通风,结果发生霉烂;也有的菇农排筒后通风过度,菌筒上部干燥不转色,便采用天天浇水,甚至浇盐水等,致使菌丝受到严重伤害。

### (五)催蕾方法欠妥,菇质低劣

夏季鲜菇价高,有些菇农为争取快产菇、多产菇心切。仿照常规栽培方法进行浸筒、拍打催蕾,结果这一催,大量菇蕾发生,尽是朵小、肉薄的劣质菇,达不到出口菇标准。

### (六)采菇不及时,产品降级

夏菇生长较快,当气温 18℃～28℃时,从菇蕾分化成子实体只要 3～5 小时,比常规秋、冬菇 1～3 天相差极大。习惯上午采收,结果留在菌筒上的菇蕾到第二天已变成开伞菇,不符合保鲜出口菇的标准,只好作为普通菜菇烘干,虽然菇体重量增加 40%,但商品价格下降 50%多。

## 三、反季节栽培适用的模式

我国香菇反季节栽培常用的有以下四种方式。

### (一)高山露地立筒栽培

此种栽培方式起源于福建省屏南县。栽培场地选定在海拔 700 米以上的山区,夏季气温正适于出菇温度的要求。采用中偏高型或高温型菌株,早春制袋接种,室内养菌,清明后搬进野外菇棚,与常规栽培一样进行脱袋立筒排场,转色出菇(彩 4,彩 17)。这个县每年栽培 5 000 多万袋,夏菇商品性状好,80%符合出口外销标准。此种栽培方式,不仅适于南方高海拔山区,而且适于长城以北的北方地区及东北各地夏季月平均气温不超 28℃的地区。

## (二)低海拔地区埋筒覆土栽培

这种栽培方式起源于福建省长汀县,利用地表与空间的自然温差,加上可制约不良气候的遮阳设施进行香菇栽培。选用高温型菌株,冬末春初接种,室内养菌,立夏进棚,脱袋埋筒覆土,夏季出菇(彩5)。打破了"种夏菇上高山"的栽培习惯,为一般低海拔地区发展夏菇生产开创了一条新路子。这个县1993年以来,10多年时间共栽培4亿袋,平均单袋产值都在5~6元,比常规栽培的产品升值1倍多。埋筒覆土培育夏菇,较适宜在海拔300米以上的小平原地区采用。但无论是南方或北方,只要夏季7~9月份,月平均气温不超过28℃的地区均可。而海拔较低,夏季温度高的地区不宜采用,因为香菇子实体生长温度为5℃~25℃,超过30℃无法发育形成子实体。

## (三)北方冷棚地栽

此模式起源于辽宁省,根据北方夏季气温特点,建造专用冷棚;采用半生料畦床播种,覆盖报纸后再盖膜,上遮草帘;通过人为调控光、氧、温、湿,促进转色出菇,香菇产量和品质较理想。

## (四)水库竹排漂浮栽培

此种栽培方式起源于湖南省浏阳,利用水库水面的特殊气候种菇。菌袋生产按常规,将菌丝生理成熟脱袋转色后的菌筒,装入竹筐架内,架宽1.5米,摆放在水面的竹排上,周围设30厘米围栏。菌筒离水面3厘米左右,围栏上盖茅草遮阳。当炎夏地面温度达35℃时,水面菇床气温仅有25℃,夜间、早晨雾气笼罩,非常适宜出菇。因此,在低海拔地区 6～10 月份高温季节照常长菇,又开创了一种低海拔夏季长菇方式,但它局限于有水库的地区。

## 四、掌握好反季节栽培的生产季节

香菇反季节栽培的目的,要求在夏季照常大量产菇,为此生产季节应以 4～5 月份菌袋进棚排场,并以此时为界线,往回倒退 3～4 个月为菌袋接种期,再往回倒退 3 个月为原种和栽培种制作期。通常在每年 10～12 月份就开始菌种生产,翌年 1～2 月份进行菌袋接种培养,到 4～5 月份菌袋进棚脱袋排场转色出菇,夏季盛产,延续至 11 月份产季结束。

海拔高度不同,栽培方式也不同,生产季节也有差异。福建省屏南县多为海拔 700 米以上高山,实行露地立筒栽培方式,其菌袋生产安排在 12 月下旬至翌年 2 月上旬进行,此时气温低,菌袋成品率高,发菌培养至 3～4 个月后菌丝生理成熟,到清明后 4～5 月间气候暖和,进棚脱袋排场,5～11 月份为产菇期。

小平原低海拔和北方地区,适合埋筒覆土栽培方式。其菌袋生产宜于 1～2 月份进行,经过室内养菌 3～4 个月,至 5 月上旬进棚脱袋埋筒覆土,6～11 月份为产菇期。海拔较低的平川地区,可提前于 12 月下旬至翌年 1 月上旬制袋;而北方高寒地区,早春气温较低,菌袋生产可适当推迟到 2～3 月份进行。

安排生产季节时,必须因地制宜,根据栽培方式、对照当地气候,以初夏适于长菇气温 15℃作为始菇期,以此为界,往回倒计时 90～110 天作为菌袋制作接种期。这样确保菌袋生产与培育处于最佳期,到夏季适时长菇。

## 五、适合反季节栽培的菌株

反季节栽培的成功,其中一个关键技术就是选准当家品种,即中偏高温型或高温型高产优质的菌株。下面介绍反季节栽培常用的几个菌株,见表 4-1。

表 4-1　适于反季节栽培的常用香菇菌株

| 菌株代号 | 种性特征 | 种源单位 |
| --- | --- | --- |
| Cr-04 | 子实体大叶,朵形圆整,菌肉肥厚;菌盖茶褐色,有鳞片,有时盖顶有稍突起的尖顶,柄中粗,稍长。出菇温度范围 10℃～28℃,最适 18℃～23℃,菌龄 70 天以上。适宜的接种期为 1～4 月,出菇期 5～11 月。抗逆性强,适应性较广,适宜在中高海拔地区使用 | 福建省三明真菌研究所选育 |
| 广香 47 | 子实体朵形圆整,盖大肉厚,菌盖黄褐色,柄中粗,稍长。出菇温度范围 14℃～28℃,最适 14℃～24℃,菌龄 70 天,适宜的接种期 2～5 月,出菇期 5～11 月,出菇高峰分别在 5～6 月及 9～10 月。可在中高海拔地区使用 | 广东省微生物研究所选育 |
| 8001 | 子实体单生,朵形圆整,中大叶型,肉质肥厚,菌盖茶褐色或深褐色,柄粗,稍长。出菇温度 14℃～26℃,最适温度为 16℃～23℃,菌龄 70 天以上,适宜接种期 2～4 月,出菇 5～11 月 | 上海市农业科学院食用菌研究所选育 |

| 菌株代号 | 种性特征 | 种源单位 |
|---|---|---|
| 武香1号 | 子实体大叶,菌肉肥厚,菌盖色较深,柄中粗,稍长。在 28℃ 高温条件下能大量出菇,最高上限至 34℃,出菇温度范围 10℃～30℃,最适出菇温度 16℃～25℃,菌龄 70 天。适宜的接种期 3～4 月,出菇期 5～11 月,抗逆性强 | 浙江省武义县食用菌研究所选育 |
| 8500 | 子实体单生,朵大肉厚,柄粗,菌盖深褐色。出菇中心温度 13℃～26℃,产量高,单菇鲜重 250 克左右,含水率低,折干率高。适于保鲜和脱水加工出口菇,干品浓香 | 福建省农业科学院土壤肥料研究所选育 |
| Cr-20 | 中大叶型,单生,菇肉肥厚,形圆整,柄正中,菌盖棕褐色,有明显鳞片,抗逆力强。出菇中心温度 12℃～26℃,产量稳定,生物转化率高 | 福建省三明食品工业研究所选育 |
| 苏香1号 | 单生,朵型中大,菌盖茶褐色或深褐色,柄中粗较短,菇质好,抗逆力强。出菇中心温度 10℃～25℃,春夏长菇,菇量多,产量高 | 江苏省微生物研究所选育 |
| 厦亚1号 | 大叶型,朵圆整,肥厚,颜色深褐,抗逆力强。出菇中心温度 10℃～25℃,夏秋出菇,适于鲜菇保鲜出口和加工干品 | 福建省亚热带植物研究所选育 |
| 兴隆1号 | 耐高温,朵大形好、肉厚,商品性状适合保鲜出口,成品率达 80% 以上 | 河北省兴隆县食用菌研究所选育 |

此外辽宁、吉林、黑龙江等省，均有选育适应当地反季节栽培的菌株，可就地引用。

我国地域广大，地形复杂，气候差异甚大，同一个地区的海拔高度也有差异，为防止误导，在这里特别提示，引用菌种时必须认真掌握一个原则：选用适合反季节栽培的香菇菌株，不论其是什么代号，只要是属于中温偏高型或高温型的菌株，其菌丝耐高温，出菇中心温度为 15℃～28℃或 15℃～30℃的一般可以采用。对于中温偏低型或低温型菌株，如 Cr-02、L-856、L-087、Cr-62、L-939、L-9015、L-135 等都不宜用作反季节栽培的菌株。否则，在盛夏子实体难以形成，或长出劣质菇，那就要失败。

# 六、反季节栽培的培养基配方

反季节栽培的培养基配方与常规栽培基本相同，在各地选用配方上略有差别，这里介绍主产区常用的几组配方，供参考。

福建省屏南县配方：杂木屑 80%、麦麸 17%、石膏粉 1.5%、蔗糖 1.5%。料与水比为 1∶1.25，含水量 58%～60%，灭菌前 pH 值 6～6.5。

福建省长汀县配方：杂木屑 74.5%、麦麸 17%、玉米粉 5%、红糖 1%、石膏粉 1.5%、碳酸钙 0.6%、磷酸二氢钾 0.2%、硫酸镁 0.1%、食盐 0.1%，含水量及 pH 值同屏南县配方。

安徽省东至县配方：杂木屑 78%、麦麸 16%、玉米粉 3%、石膏粉 1.5%、蔗糖 1%、过磷酸钙 0.5%，含水量及 pH 值同屏南县配方。

江西省铜鼓县配方：杂木屑 76%、麦麸 18%、玉米粉 3%、石膏粉 1.3%、磷酸二氢钾 0.2%、碳酸钙 0.5%、红糖 1%，含水量及 pH 值同屏南县配方。

反季节栽培的薄膜袋，可选用低压聚乙烯原料加工制成 15 厘米×60～65 厘米的香菇袋，培养料拌匀后用手工或装袋机装料(彩 18)，每袋湿重 2.2～2.4 千克。然后上灶叠袋，要求排列整齐，防止崩倒，每堆之间留一定透气缝，防止灭菌死角(彩 19)。叠堆后用 0.8 毫米厚的塑料薄膜罩盖，外加帆布围盖，四向捆扎牢固(彩 20)。

灭菌要求做到"攻头、保尾、控中间"。即开头旺火猛攻，使罩膜内温度尽快上升至 100℃，中间保持 100℃ 不降温，保温 16～20 小时；停火后再闷 4 小时，达标后卸袋排场冷却。

# 七、料袋开放式接种方法及应注意事项

传统的料袋接种，多在接种箱或接种室内接种，采用打穴封口接种。其操作速度极慢，穴口贴封，菌种缺氧发菌也慢，而且消毒剂的刺激气味又会危害菇农健康。近年来闽、浙菇区已成功地采用开放式不封口接种法，成品率较高，杂菌污染率极少。从原理上分析，是香菇菌种的菌丝萌发力强、生长快，能抢先入口占居优势；而杂菌孢子需经萌发成菌丝后才能在料中定植生长。由于接种穴的料已被香菇菌丝占领，所以杂菌的菌丝就难于入侵了。由于这个"时间差"和利用两者菌丝萌发的优劣，确保了香菇开放式接种不封口的成功。

开放式接种不仅成品率高，而且接种速度快，每组 5～6 人，1 天可接种 2 万个菌袋，成品率一般达 95% 以上；接种时几乎闻不到药味，对菇农的健康极为有利；不用封口材料，节省成本;并且由于氧气充足,发菌较快,菌丝生长旺盛。开放式接种的具体操作方法如下。

### (一)料袋排场

将灭菌后的料袋趁热搬进荫棚内或室内。先在排放场所一边或两边,将料袋堆叠成一个或两个长方体形墙体样料堆,堆高不超过 1.2 米,长度视场地长度而定。

### (二)盖膜消毒

料袋叠堆后及时用塑料薄膜罩严,然后用气雾消毒剂多点熏蒸 4～6 小时,用量按每 1 000 袋配用消毒剂 250～500克,消毒后使罩膜内处于无菌状态。

### (三)打穴接种

待料袋内温度降至 28℃ 以下时即可接种。接种时操作人员密切配合,1 人从罩膜内取出料袋,并在袋面涂擦"接种灵"药液,涂擦部位宽度为 5 厘米;1 人趁药液未干前迅速打接种穴,每个料袋单面打 4～5 穴;1 人迅速取种,种块接入穴内,穴口不必贴封。强调菌种必须将穴填实,填满,高出穴口,盖密穴口。一般 1 袋菌种可种接 20 个料袋。塑料罩膜内的部分料袋接种完后,将薄膜往另一边推卷,减少掀动,使未接种的料筒仍在罩膜内处于密封状态。

### (四)菌袋养护

接种后的菌袋可堆叠成长方形菌墙,再用薄膜罩好,进入发菌培养。

### (五)注意事项

开放式接种应注意以下几点。

**1. 优化场地**　野外接种场地要求干燥,最好地面铺细沙,再用双层塑料薄膜铺盖防止潮湿,同时环境必须清洁卫生,减少空气流动。

**2. 操作衔接**　搬袋、擦药液、打穴、接种、叠袋,应环环紧扣,尽量缩短穴口露空时间。打穴口应对准涂擦药液的部位。

**3. 菌袋忌动**　接种叠堆后的菌袋不可轻易搬动,因为刚入料的菌种还未定植,一经搬袋脱离穴口,会引起杂菌入侵而污染。

**4. 注意安全**　接种灵药液为易燃品,在使用时应按易燃品规定操作,操作人员应戴好手套(接种灵咨询电话:0578-6124463)。

## 八、低温培养菌袋应注意的问题

### (一)防止冻菌

反季节栽培的菌袋多在12月份到翌年2月份接种,其有利一面是菌袋成品率高,不利的方面是气温低,菌丝生长缓慢,遇到寒流时,常出现菌丝受冻害。为此,发菌期应采取菌袋密集堆叠培养,以利于保持菌温(彩25),有条件的生产单位应专门建造保温培养房(彩23)。气温低时可在菌袋叠堆上面加盖薄膜和采取适合的加温措施。

### (二)合理通风

低温养菌中常会发生为了保温而将门窗紧闭,使养菌房密不透风,加之煤火加温,室内有害气体浓度骤增,对菌丝发育十分不利。保温固然是低温发菌的重要措施,但通风是菌丝生长不可缺少的条件。解决这个矛盾,可采取中午温度高时进行短时间通风,通风时间一般控制在 20～30 分钟,使室内更换新鲜空气。通风后发菌室内温度下降,可继续加温。但应注意的是,因为早、晚气温低,不宜通风;室内外温差大,养菌阶段不需温差刺激,以免造成局部过早出现原基,影响子实体正常发育。

### (三)刺孔增氧

菌袋结合翻堆进行刺孔增氧,俗称"放气"。刺孔的目的是保障袋内菌丝能正常呼吸,提高袋中的空隙,促进菌丝养分积累,加快生理成熟。具体分以下 3 个阶段进行刺孔。"放小气":结合第二次翻堆时进行,可用牙签或细铁丝刺孔,每个接种穴周围刺 3～4 个孔。注意刺孔不能太靠边、太深,对料偏松偏干的菌袋,可暂不刺孔,注意防止杂菌进入。"放中气":结合第三次翻堆进行,每个接种穴周围再刺 4～5 个孔。"放大气":当菌丝发满菌袋 10 天以上时进行。采用装有多枚铁钉的木板拍打菌袋,可拍打菌袋 3 个面(接种穴一面不"放大气")。

注意:菌袋偏湿偏紧的应多刺孔,刺深孔;菌袋偏干偏松的少刺孔。在菌袋刺孔增氧后,温度升高,注意疏散和通风,气温 28℃以上时一般不要大规模"放大气",防止"烧菌"。

# 九、反季节栽培对菇棚的特殊要求

反季节栽培处于气温较高的夏、秋长菇。因此,对菇棚有特殊的要求。

## (一)选 场

场地应选择海拔较高,环境干净,夏季凉爽,周围有树木或竹林,绿树茂密的林地间最为理想(彩 12);水源充足,水质干净,最好是泉水或井水;土质疏松,排灌容易,无白蚁,晚稻田更好(有喷水条件的旱地亦可),要求交通方便。

## (二)整 畦

畦宽 1.3～1.5 米,畦沟宽 50 厘米,畦高 20 厘米,畦间有50 厘米宽的人行道,全场畦面同一水平。若是老菇棚要提前清理,翻耕灌水,并撒施石灰粉,每 667 平方米用量 60～100千克,进行杀菌和促进土壤透气。畦面整成龟背形。

## (三)搭 棚

菇棚搭建时,按每两畦立一排柱子于畦沟边,柱高 2.7米,其中埋地 50 厘米,棚内高 2～2.5 米。再用竹尾、竹片、细木杆、竹枝等纵横架密,上面覆盖杉枝、芒萁、茅草等,如果覆盖遮阳网,网上加铺芒萁等更佳,遮荫度为一阳九阴。棚四周可围密,南北面可稀疏些。棚外围遮阳塑膜,栽培长藤蔓的豆、果、小瓜等经济作物(彩 14)。北方利用塑料大棚栽培,其棚顶要覆盖草帘,创造"一阳九阴"的环境(彩 11)。

### (四)设 备

菇棚内安装橡皮管,接入自来水;棚顶安装自动旋转微喷降温设备。

# 十、菌筒脱袋时机

### (一)培养菌龄

反季节栽培的菌袋,多于冬季或早春接种,此时气温低,室内需要加温发菌培养,如果是 12 月下旬至 2 月份接种,其菌丝生长很慢,养菌需培养 3～4 个月时间;如若 3 月上旬接种,气温有所回升,经加温培养 2 个月即可达到生理成熟。因此,无论是冬季接种还是早春接种,到 5 月份一般菌丝都已生理成熟,应及时搬入菇棚内脱袋排场。

### (二)脱袋时间

脱袋排场应视栽培地区的气温情况而定。南方高山地区5 月份日平均气温一般在 15℃～20℃之间,小平原低海拔地区在 20℃～25℃之间,正是中高温型菌株脱袋排场的出菇最佳温度。如果过早脱袋排场,一是高山地区气温偏低;二是菌丝体积温不足,生理成熟度不够,菌筒转色困难,且易出现烂筒。反之如果推迟脱袋排场时间,菌丝体生理成熟过度,误过产菇期,表层菌膜增厚,菌丝老化。特别是小平原低海拔地区,入夏后气温超过 25℃,对埋筒转色也不利。

### (三)成熟标志

反季节栽培方式不同,菌丝体的成熟度也有差异,高山地区与常规栽培一样实行畦床立筒排放的,其菌袋生理成熟特征是:菌丝体瘤状突起占袋面的 2/3,手触菌袋有松软弹性感;局部开始转色,菌袋达到这个标准即可进棚脱袋排场。小平原低海拔地区采用埋筒覆土栽培的,脱袋不宜太早,如果菌丝未达到生理成熟,抗逆力弱,难转色,易散筒,因此脱袋要适时。

# 十一、菌筒排场方法

### (一)露地立筒摆放法

按照香菇常规栽培,采取荫棚露地立筒摆放方式(彩13)。菇棚面积可大可小,一般为 600～2 000 平方米(1～3亩),棚内畦床宽 1.4 米,床上用竹条搭成排筒架,架高 30 厘米,前后排架距 20 厘米;再用竹木条拱成罩膜架。一般每667 平方米(1 亩)面积可排放 8 000 筒左右。排筒时按菌筒成熟度进行脱袋,一是菌筒大部分已转为赤褐色的,1 次割膜脱袋;二是瘤状菌丝仅有转色趋势的,可在袋膜上割一条裂缝,待转色后再脱袋。菌筒放于排筒架横条上,立筒斜靠,与畦面成 60°～70°夹角。菌筒的靠位比例,应在上 1/3 处靠于横条上。如果靠位比例上多下少,以后菌筒容易垂头;若下多上少会引起菌筒弯腰。每行排放 9～10 筒,筒距 3～4 厘米,见图 4-1。

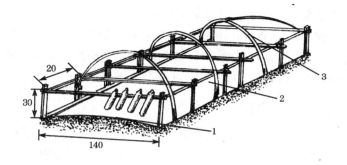

**图 4-1　露地摆放筒架** （单位：厘米）

1. 龟背形畦床　　2. 小木条排筒架　　3. 弧形罩膜架

## （二）菌筒埋地摆放法

埋筒的场地先整理平实，提前 5 天进行床面消毒，可用 600 倍高锰酸钾溶液喷洒 1 次。也可按每 100 平方米地面撒石灰粉 2～3 千克，杀灭害虫和杂菌。然后将菌袋脱掉薄膜，把菌筒平卧摆放于畦床上，筒与筒之间距离 1～2 厘米。1.4 米宽的畦床两边横排、中间采取纵排，筒与筒靠紧，不留间距，使整个畦床形成菌筒出菇的床面（彩 5）。

# 十二、露地立筒栽培的菌筒转色管理

脱袋排场后的菇床，由于全面接触空气、光照、地湿及适宜温度，加之菌筒内营养成分变化等因素的影响，香菇便从营养生长转入生殖生长。菌筒表层逐渐长出一层洁白色茸毛状的菌丝，接着倒伏形成一层薄薄的菌膜，同时开始分泌色素，渗出黄色水珠。菌筒开头由白色略转为粉红色，通过人工管理，逐步变成棕褐色，最后形成一层似树皮状的菌被，这就是所说的转色,也就是"人造树皮"的形成。

菌筒转色通常在适宜的环境条件下需要 12 天左右,再经过 3～4 天的温差刺激,菌筒转色结束。管理上主要应掌握好"控温、喷水、变温、干湿刺激"4 项技术要领。

### (一)控温复壮

脱袋后 1～4 天要罩严菇床上的薄膜,不必翻动菌筒,让菌丝恢复生长;罩膜内温度控制在 23℃～24℃,相对湿度以 85％为好,保持菇床空气新鲜,5 天之后温度以 18℃～22℃为宜,当菌筒表面长满洁白色的气生菌丝时,说明菌丝已复壮了,此时要揭开菇床上的罩膜通风,每天 1 次,每次 20 分钟。若气温超过 25℃,每天早、晚各揭膜通风 1 次,增加氧气。

### (二)喷洗黄水

菌丝复壮后,经 7～8 天菌筒分泌出黄红水珠,此时应结合揭膜通风,连续 2 天给菌筒喷水。第一天用喷雾器喷水,把红水珠喷散,并罩好盖膜,菌筒表面会再出现粉红色,并挂有黄红色的水珠;第二天可用电动压力喷雾器或喷水壶,向菌筒急水重喷,把黄红色水珠冲洗净,待菌筒晾干,水分蒸发至手抓菌筒无粘糊感觉时才可罩膜。

### (三)调控温差

菌筒转色必须结合变温管理。具体做法是白天把菇床上的薄膜罩严,使床内温度升高 2℃～3℃;夜间 12 时以后气温下降时,揭开薄膜 1 小时,让冷空气刺激菌丝。这样日夜温差可达 10℃以上,连续进行 3～4 天的温差刺激,菌筒表面就出现不规则的白色裂纹,也就能诱发子实体原基,并分化成菇蕾,所以又称变温催蕾。

### (四)干湿交替

转色过程除了控温、喷水、变温外,还必须干干湿湿,干湿交替刺激,以利于转色。管理中既要喷水,又要注意通风,使干湿交替。但要防止通风过量,造成菌筒失水,特别是含水量偏低的菌筒更应引起注意。在通风换气时,还要注意结合喷水保湿,人为创造干干湿湿的条件。野外菇棚内应采用"三分阳、七分阴"的光线刺激,有利于转色和诱导子实体原基分化,在畦床罩膜内的光照至少要有 25 勒,对转色更有利。

## 十三、覆土栽培菌筒转色管理新技术

香菇覆土栽培一般都认为菌筒必须完全转色后才能覆土,如果未转色就覆土会导致烂筒。因此,未转色的菌筒脱袋后排在畦面上,不敢覆土。近年来福建省长汀县英海食用菌研究所在长期开展覆土栽培中,创新转色管理技术:即先覆土后转色,取得了理想的效果,具体操作如下。

### (一)排　筒

菌筒发满菌丝 10 天左右,即可在接种穴旁将袋膜先纵割出"Y"字形缝,然后将菌筒紧密平放在经消毒的畦面上,割缝朝下;菌筒在畦床两边横排,中间纵排,四周留 5 厘米左右空位。经 5 小时左右即可进行脱袋,菌筒照原样排放于畦床上。

### (二)覆　土

先将畦沟泥土铲至畦床的四周空位上做边,再将湿润的覆土材料(采用拌有 3％石灰粉的潮泥沙)撒施在菌筒表面,厚度 1 厘米以上。

### (三)盖　膜

用 2 张 4 米宽的薄膜,将 4 畦菇床荫棚上部围成屋脊形。具体操作是将 4 米宽的薄膜的一边固定在一排柱子的梁上,再在隔 2 畦的另两排柱子间固定一根竹竿或木干连起来扎紧。这样塑料带就将薄膜夹在中间,2 张薄膜构成屋脊形,能使四周通风,菌筒又淋不到雨。这种罩膜方式可节约成本,菇场管理始终不用掀动薄膜,极为方便,特别适宜实行微喷,同时薄膜可保持干净,经久耐用。

### (四)清洗出菇面

经上述处理后,经 7 天左右,菌筒就能正常转色,变为红棕色,并可避免烂筒。菌筒完全转色后,逐步清洗出菇面,使菌筒上面的覆土材料向菌筒下部的空隙填满。若不急于出菇,且菌筒又未现蕾,也可适当推迟清洗,但对已转色菌筒应喷少量水,不让菌筒干燥脱水。这种转色管理技术省工、省成本,又不烂筒,并且菌筒营养不会流失。如果菌筒发生严重烧菌,发软,呈死灰色,应将菌筒纵割一条缝,缝朝下排入或稀疏堆入,注意通风,待菌筒转色发硬后再脱袋覆土。

## 十四、菌筒转色中常见难症及处理方法

菌筒在转色过程由于环境条件和管理技术没跟上,常出现许多异常现象和疑难症状,如不及时采取措施,则导致出菇量少,质差。下面介绍露地立筒栽培菌筒转色过程中常见疑

难症状及处理方法。

## (一)转色不正常

表现菌筒转色太淡,呈黄褐色或污白色。处理方法:一是喷水保湿,结合通风,每天1次,连续喷水2~3天;二是检查菇床罩膜,修理破洞,罩紧薄膜,提高保湿性能;三是菌筒卧倒地面,利用地温地湿,促进一面转色,转色后再翻另一面;四是若因低温影响的,可把遮荫物拉稀,引光增温,中午通风,若是由于高温引起的,应增加通风次数,同时用冷泉水喷雾降温,中午将菇床两头薄膜打开,早晚通风换气,每次30分钟。

## (二)菌丝徒长不倒伏

菌筒菌丝洁白,长达2毫米仍未能倒伏。处理方法:一是加大通风量,选中午气温高时揭膜1~1.5小时,让菌筒接触光照和干燥的环境,促使菌丝倒伏,待菌筒表面晾干至手摸不粘时,盖紧薄膜,第二天表面出现水气,即已倒伏;二是如采取上述措施后未能倒伏时,可用3%石灰水喷洒菌筒1次,喷石灰水后晾至不粘手时再盖膜,3天后即可倒伏转色;三是如果10~15天仍不转色,以至菌筒脱水,应连续2~3天每天喷水2次,通风时间缩短至30分钟以内,补水增强促进转色。

## (三)菌膜脱落

表现在脱袋后2~3天,菌筒表面瘤状菌丝膨胀,菌膜翘起,局部片状脱落,部分悬挂于菌筒上。处理方法:一是创造适合的环境条件,温度以25℃为宜,让恢复生长的菌丝迅速增长;二是选择晴天喷水加湿,相对湿度以80%为宜;三是保持每天通风 2 次,每次 30～40 分钟。经过 4～6 天的管理,菌筒表面产生新的菌丝,但发生这种现象后,会使出菇推迟 10 天左右。

### (四)菌丝体脱水

菌筒表层粗糙,手摸有刺手感,重量明显下降。处理方法:一是加大喷水量,可用喷壶大量喷水于菌筒上,连续 2 天,达到手触不刺而有柔软感为度;二是罩严薄膜,缩短通风时间,保持相对湿度为 90%;三是灌水于菇床的两旁沟内,增加地面湿度。

### (五)转色太深,菌膜过厚

表现在菌筒皮层质硬,颜色深褐,出菇困难。处理方法:一是加强通风,每天至少通风 2 次,每次 1 小时;二是调节光照度,菇场保持"三阳七阴",花花光照;三是增大菇棚内的干湿差和温差,促使菌丝从营养生长阶段转入生殖生长阶段;四是仿效"击木催蕾法",用棕刷在菌筒表层来回擦刷或用手捏筒,使菌丝振动撕断,裂缝露白,扭结出菇。

### (六)菌筒霉烂

脱袋转色期间菌筒出现黑色斑块,手压有黑水渗出,闻有臭味。处理方法:一是将菌筒隔离另放,把霉烂菌筒集中于一个菇床上,地面撒上石灰粉;二是药物杀除霉菌,先用 50% 多菌灵 0.1% 水溶液涂局部受害处,24 小时后再用 5% 石灰水涂刷,待收敛后盖膜,连续 2 天;三是控制喷水,防止湿度偏高;四是增加通风次数,每天揭膜 1 次,保持菇床空气新鲜;五是菇棚四周遮荫物过密的,应开南北向通风窗,使空气对流。

# 十五、催蕾方法

菌筒转色后进入生殖生长,其催蕾方法与常规基本相似,需要温差刺激,白天盖好拱棚罩膜,有的整棚都盖膜,目的是防止雨淋。埋筒栽培的温差常以昼夜自然温差刺激。人为催蕾方法主要有两种。

第一,拍打催蕾法。菌筒转色形成菌被后,可用竹枝或塑料泡沫拖鞋底,在菌床表面上进行轻度拍打,使其受到振动刺激。拍打后一般2～3天菇蕾就大量发生。如果转色后菇蕾自然发生,则不可拍打催蕾。因为自然发生的菇朵大,先后有序长出,菇质较好。一经拍打刺激后,菇蕾集中涌出,量多,个小,且采收过于集中。

第二,滴水催蕾。用压力喷雾器直接往棚顶上方薄膜喷水,使水珠往菌筒下滴,水滴轻度振动刺激菌丝;如是小拱棚,可用喷水壶喷洒淋水刺激。但水击后注意通风,降低湿度,使其形成干湿差。埋地菌筒能自然吸收土壤内的水分,因此不能像常规栽培一样用清水浸筒催蕾,这一点完全不同。

无论采取哪一种形式催蕾,都必须在晴天上午气温较低时进行催蕾操作。因温度高对原基分化不利,如果强行刺激,出现的菇蕾个小,且易萎蕾。因此,必须注意掌握气温,抓准温度合适的时机进行催蕾,下雨天不宜催蕾,以防烂蕾。

# 十六、夏菇生长管理关键技术

夏菇无论是畦面立筒栽培或是埋筒覆土栽培,其长菇阶段正值气温较高季节,对子实体生长发育不利,如若管理不善,易出现萎蕾烂菇。如何利用栽培保护设施和采取相应措施,避免不良环境的影响,这是夏季栽培出菇管理最重要的一个环节。根据主产区经验,主要措施如下。

## (一)疏蕾控株

埋筒菇第一潮正值 5 月下旬至 6 月,此时气温比较合适,菇蕾丛生,集中涌现,如果任之发育,会使菇体朵小、肉薄,不符合保鲜出口的品质要求,为此必须疏蕾。具体操作方法是对菌筒表面过密的菇蕾疏除,每袋保留蕾体饱满、圆整、柄短,分布合理的 6~8 朵,多余的菇蕾用手指按压致残,不让其发育,使菌床产菇分布合理,吸收养分、水分均匀,确保菇品的优质。

## (二)遮荫控光

夏天太阳光照进菇棚,温度必然升高,为此,菇棚要加厚遮盖物,可用茅草、树枝加盖,避免阳光直射,仅靠四周棚壁草帘缝中透进弱光,一般控制在“九阴一阳”,使整个菇棚处于阴凉昏暗状态中。最为理想的是绿树成荫的林下(彩 12)。如果光线过强,温度升高,菇体会变薄,色泽变黄,影响品质。

## (三)增湿降温

白天在畦沟内灌流动水,夜间排出,并使畦沟保持浅度蓄水状态,以利于降温。但注意沟内流动水水量的下限为距离畦床面 20 厘米,以防蓄水浸渍菌筒。菌筒较干时,可用清水直接浇到菌筒上,一般每天浇水 1 次,晴天可多浇些,下雨天及时排除畦沟积水。高温时可采用每天早、晚用泉水、井水等温度较低的清水,向菇棚四周和空间喷雾,或棚顶安置微喷设备,通过人为措施,使棚内凉爽。

### (四)加强通风

无论是哪一种栽培方式,夏菇进入子实体生长期,其前期畦床上的棚膜不宜密罩,如是1拱1棚或是2～3拱1棚的,都必须把四周薄膜卷离畦床30厘米以上,使畦床之间空气流畅。闷热干燥天气,白天不宜遮膜。如果紧罩薄膜气温升高,二氧化碳浓度增加,必然引起萎蕾烂菇。夏季雷阵雨较多,注意加强通风排湿,可将菇棚四周遮荫物打开1个通风口,让棚内空气流畅;同时注意检查盖膜有否破漏及雨水淋入,避免高温雨淋造成烂菇、烂筒。

### (五)经常检查

每天结合采菇,注意观察,发现病虫害或萎蕾、烂菇,应及时摘除,并把烂根铲除,局部用石灰水擦净,防止污染蔓延。特别要强调的是:长菇期禁用农药,以免菇体污染影响。

### (六)采后续生

夏菇长速较快,从菇蕾到成菇一般只需1～2天,气温高时半天就可长成。为此,采菇是1天收1次,盛发期早、晚各采1次,保鲜出口菇每天采收4次,如果稍延几小时菇体即开伞,不符合保鲜出口标准,这一点与常规栽培大有差别。1潮菇采收后停止喷水,延长通风时间,让菌筒休养生息,同时对部分营养不足的菌筒,可用"菇得力"、"稳得富"等增产素100倍液进行喷施,以增加菌丝活力,提高再生菇产量。待采菇部位重新长出白色菌丝时再催蕾。7～8月份高温期间应以养菌为主,避免拍打催菇,否则损伤菌丝,易引起烂筒。

# 十七、利用微喷技术提高覆土香菇品质

国内外均公认覆土香菇质量极佳,缺点是泥沙等杂质较多。其原因是由于覆土香菇有的菇场用畦沟水浇灌菌筒;也有的产区的菇场与菇场、菇场与农田串灌,而农田又常用农药,用这种畦沟水浇灌菌筒,长出的香菇不但泥沙等杂质多,而且农药残留物和重金属超标,这就难以突破外国的绿色壁垒,严重影响香菇的出口。

解决这个问题的最佳方法是采用洁净的井水或泉水进行微喷。福建省长汀县首创适用于覆土香菇的微喷技术。具体方法是在畦床一端的横沟中,放1根塑料水管作为主管,直径32毫米以上。在每个畦端锯断主管,通过三通→塑料管→阀门→塑料管→弯接→塑料管(直径20毫米左右),最上一小段与畦床平行的塑料管作为出水口,高出菌筒30厘米以上。出水口与等粗的黑色塑料管一端用软塑管连接,两边用铁丝扎紧。黑管作为支管,与畦床等长,另一端封死。黑管上部正中每隔1米安装1个微喷头。畦床正中部位每隔1米左右插1段小竹筒,与出水口等高;用1段小铁丝绕黑管一圈后将两端插入竹洞中,用于固定黑管。水源有两种情况:一是山区农村一般将深山泉水引到各家各户作自来水的水源。可采用引水管深埋于地下。如果自来水源高出菇场10米以上的,可直接将自来水接到菇场主管上。菌筒需水时只要将阀门打开,微小水滴立即均匀喷在菌筒上;二是采用功率1.5千瓦的潜水泵抽取井水,接进菇场主水管上即可。如果水泵电源处加装电子控制器,则可事先调节自动控制开关,设定每天的喷水次数和每次的喷水时间,使用更为简便。

覆土袋栽香菇采用微喷技术优点:能够创造适宜的环境湿度以满足夏季长菇的要求。经过冷凉的井水或泉水刺激,有利于提高夏菇产量;水质优良,菇体清洁,使覆土袋栽的香菇质量达到无公害标准要求;操作简便,节省浇水工时。因此,容易被菇农接受而广泛投入使用。

# 十八、北方冷棚反季节地栽香菇新技术

冷棚反季节地栽香菇,已成为近年来北方发展香菇生产行之有效的一个新技术。它具有用地少,实用面积大,一年投资,多年受益,产量高,菇质好的优点。该项技术系辽宁省新宾满族自治县多种经营局研究成功的。根据报道的资料整理如下,供参考。

## (一)冷棚构建

**1. 选地整畦** 选择有水源,远离污染源,通风良好,含沙石少,旱能灌,涝能排的房前屋后空闲地或耕地。清除杂物,拣出石块,平整土地。一般菇畦床宽55厘米,深8～10厘米,长度不限,畦与畦之间土埂宽10～15厘米,每隔2畦留1条宽50厘米的作业道。畦面要做成龟背形以利于排水。

**2. 冷棚结构** 冷棚长40米,宽7米,棚中心高2米,棚内安排8个畦,畦宽55厘米,实际栽培香菇面积为171平方米。冷棚需用材料:直径7～8厘米,长2.5米的中心支柱16根;直径8～10厘米,长1.5米的边柱32根;直径6～8厘米,长2米侧柱32根,直径4～6厘米中心檩条40米;边檩80米;拱条用细松木原条或厚竹片,间距50厘米,共需200根;塑料膜用8～10幅,长60米,宽10～11米的大棚塑料膜;草帘长 9.5 米,宽 1.2 米,厚 2 厘米,共需 48 块;10 号铁线 500 米。为更好地达到遮阳效果,也可准备部分遮阳网,还需配备浇水设备和水管。立柱可采用水泥柱,以延长使用寿命。建造时先平整土地,拉线埋柱,边柱外要挖好排水沟。按要求埋牢柱、檩、拱条拉筋要绷紧绑实,以防风刮、雨雪压坏。棚以东西向为好,南北侧地面上开设 10~12 个能开闭的通风口,东西各留一个门,以便入棚操作。建棚最好在秋季(可不上塑料膜),便于翌年春早扣塑料膜、早播种,见图 4-2。

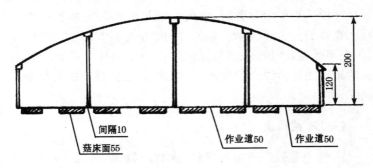

图 4-2 冷棚剖面图 (单位:厘米)

## (二)培养料配制

每棚用料阔叶木屑 2 500 千克(其中粗细木屑各 50%),新鲜麦麸 500~600 千克,石膏 40 千克,磷酸二氢钾 5~6 千克,培养料含水量 60% 为宜,提前预湿,培养料要混拌均匀。配制后应及时上锅蒸料,封锅后温度到达 100℃保持 2~3 小时;然后趁热出锅,装入袋内,放在阴凉通风处单个摆放,迅速冷却至 28℃以下,严防培养料酸败。

## (三)适时播种

播种时间为土壤地表 5 厘米内温度达到 10℃ 时进行。一般在 4 月 5 日前为佳,在辽宁省新滨县最晚不能超过 4 月 15 日。菌种选择辽宁 1363 为主,菌龄 60 天,经低温复壮。每 667 平方米面积用栽培种 2250 千克以上(2500 袋,袋重平均 0.9 千克),加大菌种量,可达到发菌快,污染率低,出菇早,产量高的目的。

播种前棚内用石灰进行撒施消毒,然后用多菌灵 800 倍液,敌百虫 300～500 倍液进行全面消毒。播种时畦床先铺上地膜,采用混播加面播方法,料内混入 2/3 菌种,表面铺种 1/3,培养料厚度为 7～8 厘米,压料厚 6 厘米左右;并在料面上每隔 2 米,扎一个直径 2 厘米的孔洞直透底部的地膜。播后料面不放通风草,只盖一层报纸,再覆盖地膜或盖一层草帘。

## (四)发菌管理

冷棚培养香菇在发菌期间要暗光培养,严防料面失水,以利于菌丝生长。播种 3～4 天后,每天早晨在料面覆盖物上喷水 1 次,连续喷水 20 天以上,待菌丝布满料面后,可以不喷水或少喷水。此期间要经常检查菌丝的生长情况,注意棚内的通风增氧。播种后 15～20 天,地面温度以保持在 10℃～13℃ 为佳,实行低温发菌。20 天后由于气温上升,通过浇水和增加通风量调整棚内的温度和湿度。为防透光通风,只掀开大棚南北方向的塑料棚膜,不掀开草帘。料面失水,出现菌丝发黄现象,说明严重缺氧,此时要利用早、晚加强通风。

### (五)转色管理

播种后 1 个月左右,菌丝穿透整个培养基,上下菌丝生长一致,里面木屑呈金黄色,菌丝含量多、洁白健壮,表面有吐水现象,并有瘤状物出现。此时说明已完成营养生长,应撤掉畦面覆盖物,要给予散射光照,加强通风。先将大棚底部塑料棚膜卷起至 50 厘米高,草帘不动,再将畦床两侧地膜提起,系在围杆上,以利于自然通风。转色期要严防料面失水和温度低于 20℃。注意薄膜不可粘在培养基上,在调整好温度、光照、湿度、空气的条件下,10 天左右即可形成褐色菌膜,并出现分布均匀的瘤状物,这时转色基本结束。

### (六)出菇管理

转色结束后打开薄膜,加大昼夜温差,使温差达 10℃ 以上,夜间开门,打开通风孔,浇冷水,提高空气湿度。根据菌丝转色程度进行适当的敲振刺激,1 周左右就能形成原基、出现菇蕾。在幼菇伞径 2 厘米以内时,棚内空气湿度要达到 90％ 左右;当幼菇长至 2 厘米以上,应逐渐降低棚内湿度和温度,适量通风。

## 十九、水面漂浮反季节长菇的管理

水库水温低,经测试当炎夏地表气温达 35℃,水面菇床小气候在 25℃ 以下。夜间、早晨雾气笼罩,非常适宜香菇子实体生长。湖南省浏阳市菇农利用水库水面的特殊气候,将菌丝生理成熟、脱袋转色后的菌筒,装入架宽 1.5 米竹筐架内,摆放在水面的竹排上。竹排用楠竹扎成长方形框架,宽

1.5 米。根据竹竿承受能力决定竹竿之间的距离,铺上竹片,周围设置 30 厘米高的围栏。按不同季节确定竹排摆放在水库的位置,初夏向阳为好,盛夏、早秋宜选阴凉处。菌筒排于竹排的框架上,并加绑竹竿,使菌筒底部离水面 3 厘米左右,围栏上方盖茅草帘。若长时间下雨,要盖塑料薄膜防止菌筒过湿;高温期草帘加厚并泼水增湿,创造一种十分适于香菇子实体生长的环境条件,所以收成很好。

利用水库水面漂浮方式长菇,其菌袋制作时间应于 1~3 月份接种,适用菌株 L-26、Cr-04、武香 1 号等中温偏高型菌株。菌袋 5 月份生理成熟,搬到水库旁阴凉菇棚内脱袋排场转色。然后将转色菌筒搬入竹排框架内竖直摆放。炎夏水面菇床气温仅有 25℃,夜间、早晨雾气笼罩,非常适宜出菇,因此,在低海拔地区 6~10 月份高温季节照常长菇。整个过程未发现杂菌侵染,无虫害,鲜菇品质好。

# 第五章　集约化培育花菇，
## 谋取高品位效益

花菇为香菇中的上品，其菌盖自然裂纹呈白色，反差明显，构成菊花形态，外观美丽，肉质肥厚，口感柔嫩，营养丰富，是我国食用菌产品中的名牌，国际市场上受到青睐，价格比普通香菇高 1～2 倍，栽培者可获较高的经济效益。

## 一、集约化培育花菇的特点

集约化栽培食用菌，已成为近代菇类产业高效栽培的一种模式，它是具有一定规模的劳力密集型、高技术立体栽培。集约化规模栽培，靠的是"空龄"效应，即在一定的单位面积、栽培数量和该面积数量占用的时间内，获得较高较好的产品和产值，从而降低成本，提高管理水平，大幅度地提升产品质量，获得较高的经济效益。

花菇培育运用集约化栽培的原理，把室内培养好的菌袋，利用冬季和早春有利于花菇形成的 3～4 个月，在有限特定的"空龄"内，将菌筒摆放在野外高棚 5～6 层培养架上，进行立体培育。每 667 平方米地面的菇棚，1 次可摆放 2.8 万～3 万菌筒，比常规露地栽培节省土地 2/3。在集约化栽培场内，便于采取特定的统一技术措施，进行科学管理，促进增加产量和优化品质，提升经济效益。因此，成为现阶段培育花菇的一种高效栽培模式，也是实施食用菌标准化生产必由之路。

# 二、花菇生产常见误区

## (一)错用菌株

花菇实际没有专用的菌种,一般而言绝大多数的香菇菌株,在长菇阶段能满足花菇成因条件下,都能形成花菇。有的菇农只掌握这一面,而没有掌握某些菌株种性固有特征,难以成花的一面。因此,常发生有人片面追求高产,选用高产菌株,误引 Cr-04、8500、7945 等菌株,由于花菇产季为冬季和早春,上述菌株属高温型,气温不适应,菇蕾少现,花菇难产。有人只听说 241 菌株,菇朵大,肉厚,就轻信盲从,用它来培育花菇,由于该菌株菇盖表皮菌膜厚,在自然条件下难以裂纹成花,就是强行催花,其裂纹也难以形成,且花菇产出率较低。

## (二)管理不当,菌袋越夏烂筒

花菇菌袋春季接种夏季养菌,由于气温高,常因越夏管理失控,菌丝受到挫伤变黄,甚至有的菌筒解体腐烂。2003 年夏季,浙江省某市 4 000 多万个菌袋,发生烧菌、烂筒,占总栽培的 45%。福建省某县烂筒率达 30%～70%。菇农经济损失惨重。

## (三)生态失控,菇盖裂纹变色

花菇栽培必须掌握其成因条件,调控好温度、湿度、空气、和光照之间的关系。在较适宜的时间内,菇盖表面裂纹由白色转为淡褐色,或浅红色、茶水色;有的菌褶变黑,以致不能形成正品,商品价格降低 50%。

### (四)有害气体侵袭,品质下降

北方寒冬菇棚内,自然气温低于香菇子实体生长温度的要求,加温催蕾、催花是常有的事。有些菇农采用煤炉加温,大量二氧化硫($SO_2$)、一氧化碳($CO$)、二氧化碳($CO_2$)等有害气体聚集棚内,侵害菌丝,污染菇体,造成花菇产品含硫量超标,不符合出口卫生要求,被拒于国门之外,甚至因加温导致菌褶倒纹不齐,有的菌盖破裂、变褐、变黑、焦黄,甚至煳黑,造成花菇品质下降。

## 三、花菇菌盖花纹的成因

花菇盖面的白色裂纹形成,并非某一品种的固有遗传特征,而是属于生物个体对恶劣自然环境的一种为生存而自我调控,以求适应环境的异常现象。花菇形成过程,包含着花菇子实体表皮细胞和肉质细胞两方面不同的作用。一方面由于空气干燥,湿度偏低,菇盖表层水分散失,无法进行有效的细胞分裂。随着表皮失水程度的加剧,细胞间出现了脱水,表皮细胞所需的养分输送受到阻碍,表皮蜡质无法起到保护作用,其扩张与收缩功能减弱并逐渐消失;另一方面菌盖表层以内的肉质细胞,为了延续生长,仍在顽强地进行分裂增长,培养基中菌丝积累的营养物质,随着水分向子实体输送,加速子实体对营养物质的吸收积累,而肉质层细胞因基料能维持其一定的营养和水分需要。这样就造成表皮细胞与肉质细胞的分裂生长处于十分不协调、不同步的状态,这种状态继续发展,表皮细胞已根本失去保护肉质细胞部分的功能,惟有开裂以适应菇体的生长,因此菇盖裂开露出白色的肉质部分。随着表皮层与肉质不同步的生长,裂纹加深,菌盖的肉质层与表皮层,形成黑白反差明显的、纹理各异的天然花纹,(彩2)成为花菇。

从花菇发生的机制和实际生长环境分析,形成花菇的主要因素有湿度、温度、光照、风速、海拔高度等方面,但也离不开种性特征和菇蕾成熟度。栽培者必须掌握花菇成因条件,有利于进行科学管理,获取优质高产的花菇生产好成绩。

## (一)湿 度

菌筒的含水量有它的特殊性,花菇生产对湿度总的要求:据试验,菌筒含水量35%时,生长的菇蕾中有85%萎缩;菌筒含水量49%,也有12%菇蕾萎缩;含水量60%~70%,菇蕾均能正常形成花菇。花菇形成要求干燥的条件,一般空气相对湿度在50%~60%较为理想。过低或过高对纹理形成都较困难,过分干燥易成菇丁,主要是菇盖过早开裂,而无法长大,甚至因此干死;较长时间空气相对湿度高于75%时,菌盖表皮不开裂或仅有微小的网状花纹。如果菇场地面潮湿,水的蒸发量就大,致使小气候内的空气相对湿度也增大,不利于花菇的形成。

## (二)温 度

温度对花菇形成和质量起着重要作用。温度偏高子实体生长快,生长周期短,但柄长、肉薄、易开裂,即使形成花菇,品质也差;温度偏低,子实体生长缓慢,组织繁密,肉质厚,柄短,品质好,但产量小。花菇理想的生长温度为15℃左右。这一温度既有利于花菇高产,又可兼顾品质的提高。

### (三)光　照

光照是花菇子实体生长发育必不可缺少的条件。花菇培育过程中需有一段时间的强光刺激,使其组织发育更紧密、丰厚。因为光有诱导基质内的菌丝体向光照表面聚集的作用,光照愈强,这个作用就愈大。同时光照可增大菇盖表面水分的蒸发,促其加速开裂;光照加上良好的通风,必然极大地降低空气相对湿度,有利于加速菇盖开裂和加深裂纹。

### (四)风　速

菇棚内最好有 2～3 级微风吹拂,可促使菇盖表皮加速干燥,逼使裂成花纹。

## 四、花菇栽培的模式及其特点

### (一)高棚架层集约化培育花菇

高棚架层集约化立体培育花菇(彩 7),首创于福建省寿宁县和浙江省庆元县等主产区,是现已普遍推广的一种栽培模式,其特点如下。

**1. 高棚架层立体育菇**　一般棚高 1.8～2 米,内设 5～6 层棚架,每棚排放 2 000～3 000 袋,667 平方米(1 亩)地可栽培 2.8 万～3 万袋,比露地栽培香菇节省土地 2/3。栽培袋采用香菇常规塑料薄膜袋,其折幅宽 15 厘米,长 50～55 厘米,每袋装干料量 1 千克左右。

**2. 长龄低温菌株**　选用 L-135、L-939、L-9015 和 241-4 等菌株。早春 2～3 月份接种,低温发菌,度过夏季,菌龄长达

5～7个月,秋、冬长花菇,翌年春长光面厚菇和薄菇。

**3. 带袋转色出菇** 袋内转色,刺孔,通风,深秋自然长花菇,冬季升温催蕾,人工选蕾,降湿促花,周期性注水。从菇蕾发生到采收,一般20～25天。

### (二)双棚中袋春栽花菇

这是河南省西峡县从浙江省庆元县引进技术,结合当地气候条件,进行改进的另一种栽培模式。其特点如下。

**1. 内外棚结合** 分外棚、内棚,外棚用于遮阳,内拱棚用塑料薄膜覆盖,调节温、湿度,一个拱棚内可排放菌袋1 200个。中袋折幅宽17～20厘米,比常规栽培袋宽2～5厘米,袋长55厘米。1吨干料可装800袋,每袋1.2～1.5千克。

**2. 长龄菌株** 以L-939、L-135、241-4菌株为当家品种,2～4月份制袋,春季低温发菌,菌龄5～7个月。

**3. 人工振动催花** 利用当地深秋9～11月份良好出菇季节,不加温长菇,花菇品质好。

### (三)小棚大袋秋栽花菇

这是河南省泌阳县引进福建省古田县野外露地栽培香菇技术,结合中原12月份至翌年2月份,这3个月份温度低、温差大、空气干燥,多风气候的特点进行培育花菇(彩8)。其要点如下。

**1. 小棚大袋** 菇棚长5～6米,高2.4～2.6米,每棚面积15平方米,内设5～6层。可排放1吨干料的500～600个菌袋,是国内最小的花菇棚。栽培袋规格折幅宽24～25厘米,长55厘米,每袋装干料2千克左右,是国内花菇生产最大的菌袋。

**2. 短菌龄** 秋季接种选用中温偏低型菌株,如 Cr-62、L-087、L-856、农 7、农林 11 号等。8 月下旬至 9 月底制菌袋。菌龄 60~65 天。

**3. 催蕾蹲菇促花** 11 月下旬至 12 月上旬,气温较低时,人工催蕾 3~5 天,棚内育菇 10~15 天,强化催花。冬长花菇,春长光面菇和薄菇。

### (四)北方日光棚立体培育花菇

我国北方有大量日光棚,或称日光温室,可以用于培育花菇(彩 9)。日光棚(室)是一种保护地栽培设施,具有良好的采光性能和保温性能,同时又具有高投放、高技术、高产出、高效益、集约化生产的特点,在蔬菜生产上已广泛应用。河北省遵化市利用日光温室培育花菇已获成功,1997 年 5 月通过专家评审鉴定,并经示范区推广应用,已形成规模生产。此种模式适于我国北纬 35°~41°黄河以北,长城沿线的晋、冀、豫、陕等地使用。

日光温室培育花菇,可以春栽,也可以秋栽。在栽培方式上,采用折幅宽 15 厘米,长 55 厘米的料袋,室内养菌,棚内搭架层立体栽培,或与蔬菜间作栽培等。秋栽 8 月下旬至 9 月份制袋,常用中温偏低型菌株,如 L-087、L-856、农 7、L-26、申香 6 等,菌龄 45~50 天。室内发菌,11 月份至翌年 4 月份为花菇产出期。春栽则是 4 月下旬接种菌袋,采用低温型长龄 939、9015、L-135 等菌株,9 月下旬进棚转色,10 月初出产花菇至翌年 5 月结束。

### (五)大田生料床栽花菇

生料地栽香菇为黑龙江省首创,主要是利用东北严寒、少雨、空气干燥、风速大的优越自然条件培育花菇,在辽宁、吉林普遍推广应用。其特点是:原料不灭菌,原料与常规同,但要新鲜,无霉变,配料拌料参照常规,也可采用生料发酵腐熟;常用菌株为黑龙江 911、9110、吉林 0109,辽宁木土 04,辽香 8 号、931、313 等菌株。3 月中旬料面盖膜,地面解冻时整理畦床播种,菌种量占料量 20%;上层覆土厚 1～2 厘米;低温发菌,杂菌污染少,成品率高;转色催蕾期保持菇床基内原有水分,不让蒸发,菇蕾发生后扩大温差,进行变温刺激,花菇率达50%。翌年春季风速大,花菇还可收 2 潮。

## 五、不同区域的花菇生产季节安排

根据花菇成因条件分析,袋料栽培花菇的最佳产季,南方应是秋、冬,此时低温、低湿、温差大;长江以北地区严冬温度极低,以春、秋季节适温、干燥、温差大,有利于原基分化菇蕾。我国南北各地所处纬度和海拔高度不同,气候差异甚大,花菇产出期有别。这里列举南、中、北 4 个有一定代表性气候区的花菇生产季节安排例子,供栽培者在应用时参考。

### (一)南 方

福建省寿宁县,属中亚热带地区。年平均气温 13℃～19℃,年降水量 1 550～2 250 毫米,无霜期 210～280 天。雨季常在 2～6 月份,秋末冬初后,晴多雨少。气温低于 20℃时,花菇产出期常在 10 月份开始,到翌年 2 月中旬,月平均气温在 15℃～20℃,产菇量约占总产量的 89%,此时正值国外鲜菇"火锅料"畅销期,菇价最高。常用低温型 135-1、9015、939、南花 103 等长菌龄的菌株;菌袋于 2～3 月份接种,发菌培养 5～6 个月,菌袋度过炎夏,10 月上架出菇。福建省寿宁县的气候与浙江、江西、湖北、湖南、四川、贵州、广东北部和安徽南部的气候有相似之处。

### (二)中　原

河南省泌阳县,位于中原地带,属典型的浅山丘陵区,大陆性季风气候,年平均气温 14.7℃,年降水量 933 毫米,无霜期 223 天,秋、冬和早春气候干燥,雨量极少。常用菌株为中温偏低型的 L-087、农 7、Cr-62、L-856 等菌株。菌袋接种期 8 月中旬,发菌培养 2 个月。11 月上旬开始进入花菇产出期,此时温度常在 15℃左右,收 1 潮花菇。春节前在菇棚适当加温,可收第二潮菇,节后再收 1 潮花菇。其后转产普通香菇。河南省泌阳县的气候同山东、江苏、山西南部、安徽北部、河北南部、湖北北部、陕西南部等地区的气候有相似之处。

### (三)华　北

平泉县位于河北省东北部,距北京 300 千米,所处纬度为40°～41°,平均海拔 540 米,其中北部 1 729 米,南部 335 米。年平均气温 7.4℃,属于大陆性季风气候,有半年吹西北风,年降水量 540 毫米。采用保护地日光温棚培育花菇,选用低温型长龄菌株 L-135、9015、939 等。菌袋 3～4 月份制作接种,越夏后 9 月上旬上架,11 月下旬至翌年 5 月份花菇产出期。该县的气候与山西、陕西、山东、河南北部等地区的气候有近似处。

### (四)东　北

位于我国东北的黑龙江省大庆市,年平均气温 3.7℃～

5.6℃,年降水量442毫米,无霜期135～150天,夏季气温达30℃的炎热天只有7～10天,基本是一个没有夏天的典型寒区。花菇栽培采用低温型、长菌龄的菌株,如135、939、9015之类。菌袋在3月份低温下接种,加温发菌,培养5～6个月,或选用中温偏低型、短菌龄的菌株,如Cr-62、Cr-66、087等,7月上旬(平均气温23.5℃)接种菌袋,菌龄2个月左右。上述两种不同时期接种的菌袋,其生理成熟时间,前者8月下旬(平均气温20.54℃),后期9月(平均气温15℃),此时月平均气温都在15℃～20℃之间,正适合花菇生长,进行上架排袋,培育花菇十分有利。10月份平均气温7.9℃,可以人工调温长花菇。菌袋越冬,翌年4月解冻后,花菇照常生长。大庆地区是辽宁、黑龙江、吉林、内蒙古、甘肃以及西藏等地同类型的北方地区代表。

## 六、适合培育花菇的菌株

形成花菇不是香菇所固有的遗传特性,也不是种性特征,有人称某品种为"花菇"品种,这是缺乏科学依据的。实际上花菇没有专用菌种。一般而言,绝大多数的香菇菌株,在长菇阶段满足花菇形成的环境条件,都能形成花菇,但成花率高低差异甚大,有的菌株由于种性固有特征难以形成花菇的。如Cr-04、Cr-20、8500、广香47、7945等高温型菌株,以及菌盖表面较厚,裂纹较难的241菌株。此外,7925、7401、9151、L-12、8210、L-507等菌株也较难形成花菇。适于培育花菇的菌株见表5-1。

## 表 5-1 常用培育花菇的菌株及特性

| 代　号 | 出菇温度<br>（℃） | 适应范围 | 形态特征 |
|---|---|---|---|
| L-939 | 8～22 | 海拔 600 米以上<br>春栽 | 大叶型，菌盖肥厚，朵形圆整，鳞片明显，不易开膜，盖面褐黄色；抗逆力强，菌龄需 160～180 天，低温环境菇蕾易发生，成花率高 |
| 南花 103 | 8～24 | 海拔 600 米以上<br>春栽 | 大中朵型，菌盖圆整不易开伞，肉厚紧实，柄短小。菌龄 160～180 天，容易成花 |
| L-135 | 6～18 | 海拔 600 米以上<br>春栽 | 中叶型，菌盖肥厚，卷边圆整，不易开伞，盖面茶褐色。菌龄需160～180 天，花菇率高，白花比例多 |
| 9015 | 8～22 | 海拔 600 米以上<br>春栽 | 大中型，菌肉肥厚，组织致密，盖面黄褐色，有鳞片，柄粗长。菌龄 180 天，成花率高 |
| L-087<br>（856 同品系） | 8～24 | 低海拔平川<br>秋栽 | 中叶型，肉中厚，盖面黄褐色，朵形圆整，适应性广。60 天出菇，菇量集中，转潮快，成花容易 |
| Cr-62 | 10～23 | 低海拔平川<br>秋栽 | 中小叶型，菌盖圆整，黄褐色，柄短细，60～65 天出菇，转潮快，成花率高 |
| 农　7 | 10～22 | 低海拔平川<br>秋栽 | 中大叶型，菌盖圆整，肥厚，茶褐色，抗逆力强，60～70 天出菇，成花容易，产量高 |

| 代 号 | 出菇温度（℃） | 适应范围 | 形 态 特 征 |
|---|---|---|---|
| 庆 科 | 8～20 | 低海拔平川秋栽 | 菌盖褐色,菇形圆整,柄粗短,抗逆力强,菌龄 90 天左右,产量高,花菇率高 |
| 9109 | 8～20 | 东北、高寒山区春栽 | 大中叶型,单生,肉厚,盖面深褐色,裂纹深,花菇率高。适于生料开放式栽培,60～70 天出菇 |
| 8911 | 8～18 | 东北、平原春栽 | 中大叶型,单生,朵圆整,肉肥厚,色深褐,菌丝抗逆力强,适于大棚生料床栽花菇,60～80 天出菇 |

# 七、选择对路菌株

选择对路的菌株,必须根据栽培地区的海拔高度,生产季节,栽培模式,对照适于培育花菇的种性特征,进行选择。

## (一)高海拔春栽

宜选低温型、长菌龄的菌株。如福建省寿宁、浙江省庆元、晋云、景宁、龙泉以及河南省西部伏牛山区的鲁山、西峡及豫南大别山区的信阳和鄂北广水、随州等山区,海拔较高,夏季气温低。春栽花菇宜选用 L-939、9015、L-135、南花 103 等菌株,菌龄长达 150～200 天,菌丝生理成熟后才长花菇。由于菌龄长,菌丝积累养分充足,所以产出的花菇朵大形美、肉厚、裂纹深,商品性状高于一般。但该菌株春接种,秋长菇,菌袋需越夏,若在气温高于 30℃时易"烧菌",所以栽培区域局限于海拔 600 米以上的地区,对低海拔平川地区不适用。

### (二)低海拔秋栽

宜选中温偏低型、短菌龄的菌株。以河南省泌阳为代表的中原及北方部分省区,秋栽花菇宜用 Cr-62、856、农 7、L-087、Cr-66、农林 11 等菌株,其菌龄 60～75 天即可出菇,海拔 300～500 米的一般地区均适。该菌株发菌时间短,出菇快,菇潮集中,秋、冬即见效。但秋栽生长期较短,菌丝积累养分少,头潮菇朵形差,畸形菇多。对高海拔山区,由于秋、冬气温低,不适于该菌株出菇,所以不宜用作培育花菇,而只能作为常规栽培普通花菇。

### (三)开发新菌株

现有华北、东北、西北、西南等各地科研部门,积极配合花菇生产所需,选育了适合当地气候的新菌株。栽培者可根据当地海拔高度、纬度、栽培模式,因地制宜选定当家菌株。

# 八、花菇培养料的配制

总体来说花菇培养料配方与常规栽培香菇无多大差别,但为了确保花菇生长发育有足够的养分,在原料选择上,最好以材质坚实的阔叶树种如壳斗科、桦木科、胡桃科、槭树科的杂木屑较为理想。

## (一)配　方

下面介绍部分花菇主产区的常用培养料配方,供栽培者在生产中因地制宜地选用,见表 5-2。

表 5-2　花菇主产区常用培养基组分

| 产　地 | 培　养　基　配　方 |
|---|---|
| 浙江省庆元 | 杂木屑 78%、麦麸 20%、蔗糖 1%、石膏粉 1% |
| 福建省寿宁 | 杂木屑 81%、麦麸 16%、蔗糖 1.5%、石膏粉 1.5% |
| 河南省泌阳 | 杂木屑 82%、麦麸 17.8%、熟石灰 0.2% |
| 河南省西峡 | 杂木屑 81.5%、麦麸 17%、石膏粉 1%、生长素 0.5% |
| 河北省遵化 | 杂木屑 53%、棉籽壳 30%、麦麸 15%、石膏粉 1%、过磷酸钙 1% |
| 山东省牟平 | 杂木屑 62%、棉籽壳 20%、麦麸 15%、蔗糖 1%、石膏粉 1%、石灰 1% |
| 吉林省延边 | 杂木屑 75%、豆秆 14%、麦麸 10%、石膏粉 1% |
| 辽宁省沈阳 | 杂木屑 70%、玉米芯 27%、硫酸钙 1.5%、硫酸铵 0.5%、石灰 1% |
| 黑龙江省大庆 | 杂木屑 50%、豆秆 20%、玉米芯 16%、麦麸 12%、石膏粉 1%、石灰粉 1% |

## (二)含　水　量

花菇培养料与水的比例为 1∶1～1.2,含水量应掌握在 60%,比常规栽培 55%～58%略高 2%～5%,因是带袋出菇,靠基内供给水分。尤其是春栽的菌袋培养时间长达 5～6 个月,如果基质内水分不足,势必影响菌丝后期生长发育。而秋栽的培养基含水量可偏干一些,以 56%～58% 为宜,因菌袋制作时处于秋初,气温高,如果含水量过多,容易引起杂菌污染,而且秋栽的菌袋培养时间仅 2 个月,比春栽的短,所以应区别对待。生料栽培的培养料含水量亦需偏干些,通常掌握 55% 即可。

### (三)碳 氮 比

花菇培养基碳源和氮源的比例,即碳氮比(C/N),是花菇生长发育中的一个重要因素。香菇常规栽培的碳氮比一般要求 25:1,而花菇在菌丝营养生长阶段碳氮比则要求为30～35:1。因此,在培养基配制时,不可随意添加氮素,在原基分化和生长阶段,如果氮的浓度过高,酪氨酸超过 0.02% 时,原基就会受到抑制,子实体反而难以形成。所以配料时只要按照培养基配方进行配制,碳氮比例就不至于出现差错,这样才能确保培养基组成的科学性,适应花菇营养生长和子实体发育的需要。

## 九、花菇菌袋的制作

花菇菌袋制作,一般按照香菇菌袋生产工艺流程操作即可。培养料装袋,料袋上灶灭菌。近年来各地科研部门和菇农根据当地栽培模式的不同,在菌袋生产中又有新的改革。

### (一)大袋装料灭菌要求

河南省泌阳模式栽培袋规格为折幅宽 24～25 厘米,长 55 厘米,每袋装干料 2 千克左右,湿重 4～4.5 千克。由于袋料量多,袋大,所以灭菌时间比常规菌袋灭菌要多 4～6 小时。料袋灭菌指标要求温度达到 100℃,保持 20～24 小时,灭菌才彻底,否则影响菌袋的成品率。

## (二)套袋防污染

把接种后的菌袋外再套上 1 个塑料袋,并在套袋口的中心放入一个核桃大小的棉花团,然后用橡皮筋连同棉花团和袋口一起扎好,松紧适中。棉花团起到在菌袋和套膜之间散热、排湿、透气和阻止杂菌侵入的作用,使菌袋发菌由封闭式变为开放式,接种后可以在培养室内立即通风,更换新鲜空气,有利于降低污染率。

## (三)内套保水膜袋

这是浙江省研制成功的一种装袋法,塑料袋中再套入一个保水膜袋,塑料膜袋在外,保水膜袋在内,两个袋合在一起装料。这种保水膜袋具有裂而不碎,不附着菇体,使产出的花菇卫生安全。保水膜袋是采用特殊塑料组合的原料制成,可保持菌袋内的水分。当菌丝生理成熟后,适时脱去外层塑料袋,保留内层保水膜袋,菇蕾就可自然破膜顶出袋外生长,免去现蕾割膜长菇的繁琐工序。这是袋栽花菇技术上又一新的改进。2005 年在河南省丁河镇等地示范推广,效果很好。实践表明,应用此项新技术,菇蕾能运用自身力量破膜顶出袋外长菇,又能保持菌袋中菌丝体所需的水分,使花菇生长自然匀称,提高花菇率。每 1 000 袋可省去割膜工 30 个劳动日,有推广价值。

# 十、花菇菌袋越夏回避高温的措施

菌袋越夏管理是花菇生产中一个极为重要的技术环节。高海拔地区选用 L-135、L-939、9015、南花 103 等春栽的低温型、长菌龄的菌株,2～3 月份接种后,需在室内发菌培养,至10 月份才进棚排架出菇。在这个阶段气温经历低—高—低的变化。特别是 6～9 月份高温期管理不当会造成"烧菌"。而低海拔地区秋栽,8～9 月份接种,其发菌虽处于秋初,也有高温。如果盛夏气温超过 28℃,发菌期菌丝生理活动旺盛,新陈代谢加快,袋温、堆温也随之升高,这就容易造成超温,挫伤菌丝活力,甚至引起菌筒解体。因此,花菇菌袋越夏管理不可掉以轻心,具体措施如下。

## (一)选择适宜场地

夏季菌袋培养必须选择阴暗、凉爽、通风、室温低于 30℃的场所,如依山傍水背阳的土木结构培养房(彩 21)或空阔仓库、防空洞等。在菌袋越夏时,门窗或外棚要加厚覆盖物,周围搭盖遮阳网或芦苇等物,创造适于菌丝生长的环境,野外荫棚内菌袋越夏培养见彩 22。

## (二)调垛疏袋散热

菌袋越夏应采取不断改变码垛方式,发菌初期采用平地垒叠成墙式,不封口的菌袋采取接种穴对着接种穴互压(彩24),以减少菌种块水分蒸发,避免种块变干。采用石蜡和纸胶封口的菌棒,接种穴需侧斜放,防止压住接种穴,待菌丝圈长到直径 8～10 厘米时再进行翻堆。每次翻堆都需改变菌袋排放方式,改按"♯"字形,"△"形或塔架式堆叠,堆高由原来的 10～12 层,降低为 8～10 层。温度高时还需降至 4～5 层,堆间要留空隙,每 2 行堆间留 40～50 厘米的操作通道,以利于散热降温。

### (三)控制振动刺激

越夏菌袋,高温期尽量少振动,少打孔放气,因振动打孔放气等会刺激菌丝加快新陈代谢作用,释放出热量,使室内温度急剧升高。如确实需搬动和或进入打孔期需要打孔放气的,也应在凌晨或深夜低气温下分批少量进行,同时应加强通风。

### (四)改善环境状况

有条件的生产单位,可在发菌室内设置空调,降低温度。一般培养室多用人工调控温度,即打开门窗,室内安装风扇和排气扇,加大空气流量,排除热气;也可加厚门窗外遮阳物,房顶安装微喷设施,喷冷水降温。但应注意室内不宜喷水降温,以免高温、高湿引起杂菌孳生,污染菌袋。

### (五)排除菌袋内的黄水

菌袋越夏由于气温高,菌丝分泌黄水积聚在袋内,为此应选择气温下降时,用铁钉刺菌袋排除黄水,但不可用手挤压菌袋,否则会导致菌皮破裂,引起感染杂菌而烂筒。若袋内出现白色瘤状物,应在其四周刺若干个孔,促使软化,并加大通风量,抑制瘤状物继续发生。

# 十一、菌袋分期刺孔通气

花菇长菌龄的菌丝体,处在密封的塑料袋中,阻碍了氧气的输入和二氧化碳的排出,抑制了木质素的降解和菌丝体养分的贮藏,从而也影响子实体的形成和发育。为此,在养菌期间需要给菌袋进行适时刺孔通气。发菌前期刺孔通气,可使菌丝生长加快,菌丝变得粗壮洁白;在菌丝进入成熟期刺孔通气,可使瘤状物软化,有利于菌丝体均匀转色,调控袋内含水量,促进菌丝达到生理成熟。刺孔可分 3 个时期进行,具体操作方法如下。

## (一)前期刺孔宜早宜小

接种后 10～20 天,当菌丝圈直径长到 10 厘米左右时,菌袋接种口根据不同情况区别进行。采取蜡封和纸胶封口的,因缺氧使菌丝生长变得十分缓慢、细弱、末端参差不齐时,可以用长 5 厘米的铁钉或竹签,在距离菌丝末端 2 厘米处刺孔 4～8 个,孔深约 1 厘米。并将菌袋改为"♯"字形堆叠,接种穴口朝侧放,以利于透气。如果接种口未封口,此时菌丝生长一般都会正常,可不刺孔通气。菇农常把这个时期的刺孔通气称为通"小气"。

## (二)中期刺孔灵活掌握

通常 5 月中旬至 6 月中旬,菌丝生长进入旺盛期,应把菌袋搬进室外遮荫棚里越夏,并进行刺孔通气。刺孔前应事先制作一个"钉耙状刺孔器"。即选一块厚 1.5 厘米、宽 5～6 厘米、长 50 厘米的木板,一端削成手柄状,另一端 35 厘米范围内钉上 6.6 厘米铁钉,钉之间的横距 2 厘米,竖距 4 厘米。刺孔时左手握菌袋,右手拿刺孔器,在菌袋上打 2~4 排孔,打孔数量和深度要灵活掌握。

### (三)后期刺孔要"三区别"

菌筒转色后至始菇期前进行第三次刺孔通气。海拔 800 米以上的山区,一般在 9 月下旬至 10 月上旬打孔;海拔300~800 米的山区,宜在 10 月上中旬进行;低海拔地区 10 月下旬至 11 月上旬作打孔处理。菌袋刺孔数量多少和深浅,要掌握"三区别"。

**1. 区别含水量** 一般直径 9.5 厘米,长 42 厘米的标准菌袋,重量超过 2 千克时,每袋需刺孔 100~120 个,孔深 2.5 厘米,且可进行数次刺孔;每袋重 1.8~2 千克的菌袋,需刺孔 70~90 个,孔深 2 厘米;袋重 1.75 千克以下,需刺孔 40~60 个,孔深 1.5~2 厘米。

**2. 区别菌株特性** 135 菌株菌袋含水率要求略偏低,在出菇前每袋重控制在 1.3 千克左右,为菌袋初始重的 75% 左右;菌袋表层还有 1/5 菌丝未转褐色的,刺孔数量和深度都要比 939 菌株多而深些。另外发菌室通风干燥的菌袋,刺孔数量可略少一些,深度也要浅一些。

**3. 区别气温变化** 在刺孔阶段温度偏高时少刺孔,超过 30℃时严禁刺孔通气。

# 十二、花菇带袋转色管理措施

培育花菇的菌袋与常规的菌袋,两者的转色管理大有区别。花菇是室内带袋自然转色,普通香菇是野外脱袋喷水转色。花菇带袋转色管理上,注意掌握以下技术环节。

## (一)降温控光

菌袋通过最后 1 次刺孔透气后,袋内菌丝体活力增强,加快新陈代谢,袋温明显上升,堆温和室温也随着提高。为此,培养室内要加强通风降温,要求室温稳定在 25℃左右。尤其是长菌龄的菌袋,应尽量采取措施降温,让菌袋安全越夏,防止室温超过 30℃。同时注意调控光照,转色前要求避光培养,如果光线强,温度偏高,菌袋进入最后 1 次刺孔后,12 天就开始提前转色,并少部分吐黄水,这就会导致转色过快,变为黑褐色,菌膜增厚,后期出菇少而慢,影响后期出菇,甚至没出菇就烂筒。转色期要给予适宜的散射光,光照度保持在 200～300 勒,有利于袋内菌丝体转色。

## (二)刺膜放黄水

接种后在正常温度下菌袋培养 50 天左右,瘤状菌丝开始分泌出清水、黄水、红水或棕红水。这标志着菌丝生理成熟,代谢过程会吐黄水,这是正常现象。当菌袋内出现黄水时,要及时进行刺膜,让黄水从袋内排出。放黄水有利于菌皮厚薄均匀,有效地调整袋内的含水量,为花菇生长创造适宜的水分条件,同时可避免因黄水淤积袋内,造成局部菌丝体自溶,导致污染杂菌而烂筒。

## (三)不转色补救措施

花菇菌丝转色阶段,由于被薄膜袋包裹着,与氧气接触少,不能吸收外界水分,所以要比常规香菇脱袋排筒栽培法转色难得多,这是一个特殊性。解决花菇不转色的技术措施,主要是认真观察,区别情况"对症下药"。

发菌期由于低温或接种错过最佳季节,菌丝未能正常转色的,可将菌袋集中在菇棚内,重叠堆码,上面罩紧薄膜,使菌温、堆温升高,掌握不超过 23℃,时间 2～3 天。然后揭膜重新上架摆放,使菌丝加快发育,增强新陈代谢,促其转色。

菌袋脱水的,可用注射器注入清水,使基质含水量达到50％为适。补水后菌丝很快恢复正常生长,促进尽快转色,注水刺激也能起到催蕾作用。

菌丝表层干缩的,可将菌袋刺 20～30 个针孔,然后摆放在菇棚内的畦床上面,时间 3～4 天,让地湿渗透进袋内,菌丝即可正常生长进入转色,然后上架摆放。

无论属哪一种原因造成的菌丝不转色,除"对症下药"外,都必须进行温差刺激。因为温差刺激可促使菌丝自身为抵御不适环境,而增强新陈代谢,分泌色素,使菌丝形成保护膜,迅速从营养生长进入生殖生长,菇蕾就会很快出现。

## 十三、培育花菇的高棚结构与建造

高棚架层集约化立体培育花菇的菇棚,除按照香菇高效栽培配套设施标准中,房棚必备的基本条件"四要求"、"五必须"以及产地环境安全指标外,在构建中还有其特殊的要求。

### (一)场地选择

花菇栽培场地除应具备无公害环境条件外,还要按其对生态环境的要求,选择空气流通,冬季有西北风吹动,日照时间长,地下水位低,近水源的山地和旱地及排水性好的地块。

## （二）菇棚结构

高棚架层是由外遮荫棚和内塑料大棚，多层栽培架、地面防潮覆盖物组成，菇棚四周设有排水沟，还有水管接到棚内，供补水之用。菇棚长 10 米，宽 2.8～3.2 米，肩高 1.8～2 米，棚顶高 2.4～2.5 米，可摆放 1 500～2 000 个菌袋，需毛竹或木材 700～800 千克，8 米宽塑料薄膜 13～14 米，遮阳网或草帘 10 米，铁丝、塑料绳、透明胶带若干。菇棚四周应保持有 2 米的开阔地，以便通风。

## （三）遮荫棚搭盖

荫棚高 2.4 米左右，用竹、林木材料搭成，支柱设在走道旁，菇棚南北窄、东西长，便于空气流畅，四周遮拦物不宜过密，以利于微风吹动，带走水分。越夏期间，如菌袋放在棚内，遮荫物要厚，可用茅草等遮荫，达"一阳九阴"（彩 22）。秋冬季出菇期间，遮荫物逐步稀疏，棚内温度不超过 20℃，可尽量增加光照。特别是冬季低温季节，光照能提高菇棚内温度，加强水分蒸发，使菇体表面水分蒸发变干，有利于加速子实体生长和促使花菇的形成。如若棚内不作菌袋越夏使用，遮荫物可用 2 层遮阳网取代。

## （四）架层配备

多层培养架可用木材、毛竹搭建 4～6 层，层距 30～40 厘米，底层离地面 15～20 厘米，架宽 40～45 厘米。每个高棚设 4 个架层，中间 2 排架层并拢，中间架层与两边架层之间设 60～70 厘米宽的操作道。在棚内不同部位挂几个温、湿度计，以便随时观察调控温度、湿度。

### (五)地面防潮

棚内地面用塑料薄膜或油毛毡覆盖。若土壤干燥的,也可以在地表铺一层干沙子。

# 十四、菌袋上架与出菇前管理

## (一)上架排袋要求

**1. 上架时间** 视菌株特性和场地条件而定。越夏前排场上架的,由于栽培量大,发菌室不够用时,接种后可把菌袋排放在遮荫较密的棚内发菌和越夏。菌袋越夏后,始菇期来临之前平均气温在 23℃～25℃ 的季节,进行菌袋排场上架;也可以在 20℃终日至 15℃终日期间,在菌袋已有零星菇蕾发生后,选择适合的天气,再把菌袋排场上架。

**2. 区别菌情择时上架** 939 菌株可在 9 月份平均气温 20℃～22℃时上架,而 135 菌株不宜过早上架,以防光照引起菌膜增厚,影响出菇时间,所以只能在 20℃终日后现蕾时上架。菌袋含水量偏低,转色不好的,可推迟上架,因此类菌袋一经搬动就出菇,影响菇质;对含水量偏低的菌袋,可排放在架层近地面的 1～2 层;含水量偏高的菌袋,可稍加拍打刺孔后上架。

**3. 调好袋距** 袋与袋之间的距离要根据气候和菇棚位置而定,如若气候干燥,田野菇棚通风条件好,袋间距为 5～10 厘米;如果菇棚在庭院旁边,通风条件差,光照不足,袋间距适当宽些,为 10～15 厘米。排袋要求袋与袋之间互不影响通风与光照,以利于花菇形成。

### (二)出菇前管理技术

菌袋上架后,棚内温度以 15℃～20℃,空气相对湿度80%～85%为适,出菇前 6～7 天,高海拔地区于 9 月下旬至10 月上旬,日平均 20℃左右时,对转色较深,菌膜较厚,含水量偏高的菌袋,进行刺孔。

花菇菌袋由于长龄菌株培养时间长达 5～6 个月,菌丝新陈代谢消耗能量多,基质内含水量必然下降;或菌袋长菇之后水分消耗已尽,袋内明显缺水,如不补水,菇蕾发生较难。因此,补水是花菇催蕾前的重要环节,菇农称之是现蕾前"壮体水"。

补水时可采取集中池浸,把菌袋按顺序排列于浸水池内,至全部淹没菌袋为止,对菌膜偏干的菌袋采用浸泡方式更好;也可采用注水器往菌袋注水,其优点是注水量可控,不至于超标过饱。菌袋注水时水温要比菌温低 5℃以上,使其形成温差刺激。特别是菌膜偏厚的菌袋,在冬季气温低,菌丝呼吸量较弱时,要抓住暖流来临的天气,先把菌袋堆叠,上盖薄膜,曝晒 2～3 小时,待堆温达到 20℃～25℃时再注水,效果更好。

# 十五、花菇催蕾措施

菌袋经过室内培育,菌丝生理成熟转色进棚排场后,即可从营养生长转入生殖生长,也就是菇蕾发生阶段。此时正值深秋和初冬,气候寒冷,菇蕾会对生态条件不适应,为此,必须进行人工催蕾。集各地实践经验,冬季催蕾方法有以下几种。

### (一)地面催蕾法

选择离菇棚较近的一块宽敞、向阳、避风、平坦的场地,打扫干净。把补水后的菌袋,沥去多余水分,一袋一袋地竖立于地面上,上覆盖塑料薄膜。根据天气晴阴、有风无风、风大风小等,采取不同措施,包括地面铺草,上面盖草,掀开盖膜等调控温度、湿度、通风和光照。一般通过地面催蕾后3～5天可整齐现蕾。

### (二)拍打刺激催蕾法

菌龄较长的菌株如939,具有受震动刺激促生菇蕾的特性。如果菌袋已到始菇期($\geqslant 20$℃终日前后)还不出菇,可一手拿起菌袋,一手用刺孔器以拍"惊木"的方式打菌袋,或将两个菌袋提起相互碰几下,然后控制空气相对湿度保持在80％～85％,温度控制在8℃～21℃,超过20℃时适当通风换气,如此管理4～8天,大部分菌袋就会产生菇蕾。再经过数天的保湿、保温,适当通风培育,菇蕾直径长至1～2厘米,接近顶到袋膜时,进行割膜诱蕾。秋季头潮菇用此法催蕾较多。

### (三)菌袋注水催蕾法

对于含水量偏低的菌袋,或采菇后经养菌的菌袋,施行注水催蕾效果十分明显。具体操作可参阅本章十四中相关内容。

### (四)光照保湿催蕾法

光照能提高菌袋温度,保湿可起软化干硬菌膜的作用,此法适用于温度、湿度偏低的冬季。一般元旦至春节期间,市场菇价较高,但由于低温干燥,菇蕾发生较少。此时可选择晴朗天气,将不出菇的菌袋移到有阳光照射的空旷地上,地面垫塑料薄膜,然后把菌袋以三角形堆叠 8～10 层,上盖一层稻草,再覆盖薄膜,每天在太阳光下放置 4～5 小时,但要注意堆温不宜超过 25℃,待菌袋表面水珠晾干后再盖薄膜。这样重复4～6 天后,大部分菌袋可长出菇蕾。待菇蕾快要顶到袋膜时,再割膜诱蕾。有些菌袋转色太深,菌膜干硬,可于脱袋后再用此法催蕾,长出菇蕾后,再套上 16 厘米×50 厘米的薄膜袋。

### (五)催蕾期管理

催蕾期需要升温和增湿,两者有一定的矛盾。解决的方法可采用白天揭开棚膜,接受天然气温,使部分幼菇出现萎缩状态,晚上 18 时左右,把菇棚薄膜罩紧,然后进行升温、加湿。当棚内明显现水珠云集薄膜壁上时,菇体表面有湿润感,略有粘手,菇蕾有弹性时,停止增湿,保温 12～15 小时。当菇体大量裂纹后,再开始升温、排湿。第一次排湿棚温升到 30℃,保持 2 小时左右;当袋温降至 15℃时熄火,并揭膜 5～10 分钟,再盖膜到天亮后,再揭膜晾晒。第二天重复第一天加温、加湿方法排湿,温度上升后保持 1.5 小时揭膜,然后熄火 5～10 分钟,再盖膜至天亮,促进菇盖迅速发生裂纹。

# 十六、花菇疏蕾与诱蕾技术

花菇疏蕾与果树疏果目的一样。袋内出菇,菇蕾不规则发生,有的密集,有的散生。每一个菌袋的营养是有限度的,若菇蕾过多,蕾小且互相挤压,畸形菇多、品质差。所以要培育高产优质的花菇,就要进行疏蕾。采取选优去劣,选留菇形好,距离均匀,大小一致的幼蕾,留蕾量多少,视菌袋大小而定,15～17厘米的菌袋宜选留5～7个;24厘米大袋可选留6～8个。对未被选取的劣蕾,用手指在袋面按压蕾体,使其萎缩,减少菌筒的养分和水分的消耗。使袋内营养集中往选定的单株蕾体上输送,促进优质花菇生长。待菇蕾长到1.5厘米时,进入割膜诱蕾工序。

当菌袋内现蕾后,用刀片割破袋面薄膜,让菇蕾破口而出。即所谓"割膜诱蕾"。这个环节,主要掌握好以下4个关键。

### (一)菇蕾标准

袋内菇蕾直径长到1.5厘米左右时,进行割膜诱蕾较合适。如果菇蕾太小,抗逆力差,会出现萎蕾;过迟,菇蕾太大,易挤压变成畸形,影响花菇质量。

### (二)环割适度

袋膜环割口的大小,应以有利于菇蕾从割口顺利伸出袋外生长为度。因此,刀片只能沿着菇盖四周环割,同时防止割伤菇蕾和菌丝。

### (三)环境条件

割膜时还要调控好温度、湿度、空气和光照四者之间的关系。湿度在85%～90%,有利于菇蕾发育。温度以10℃～22℃最佳,光照以菇棚"七阳、三阴",每天揭膜通风1～2次,保持棚内空气新鲜。

### (四)袋位调整

割膜后的菌袋,先置于菇架低层 1～2 天,利用地面湿度,满足菇蕾生长对水分需要。待菇蕾长到 2～2.5 厘米时,再搬到上层排放。如若菇蕾太小移即至上层,易产生花边菇,降低花菇质量;若菇蕾太大移至上层,则不能形成花菇。

## 十七、花菇护蕾保质

菇蕾经过割膜从破口长出后,进入幼蕾生长期。管理好菇蕾是花菇培育的基础,管理上要注意以下四个方面。

### (一)保湿防风

幼蕾适应环境能力弱,从基质内得到的水分还不够其蒸发消耗。若通风过度,空气过于干燥,会导致菇盖面失水而萎缩。北方秋、冬季节,气候干燥,菇棚内常用增湿机增湿(彩32),使空气湿度保持在 85%,让其慢慢生长。但湿度不宜过大,以免菇体长速过快,组织松软,不利于菇盖表面开裂。

### (二)适温控速

幼蕾期温度应控制在 8℃～18℃之间,使其缓慢生长,促成组织紧密,菇体加厚。冬季气温低时,可加温培养,以有利于幼蕾正常生长。

### (三)增加光照

冬季或早春,可把菇棚覆盖物全揭开,给以充足的直射光照。晴天让阳光直照,可有效地提高花菇品质,但菇蕾在 2 厘米以下时,不可直接受阳光照射。但遮荫过密,不易形成花菇;光照不足,花菇裂纹颜色不白。

### (四)避免挫伤

在管理操作过程中,要保护菇蕾完好,不要让菇蕾碰撞损伤,以免影响花菇朵形外观。

# 十八、蹲蕾养菇

菇蕾经过选留护蕾后,在其逐步生长发育至菇盖2~2.5厘米之前,称为蹲菇期。管理上主要是温度控制在6℃~12℃之间,空气相对湿度在70%~80%,使幼蕾在约束的环境条件下缓慢生长,目的是促使菇体组织紧密、肥壮、饱满,养好菇体,为下一步进入人工催花打下基础。蹲菇期间管理技术应根据菇蕾不同状况和不同气候条件,灵活采取相应措施。

### (一)控制湿度,适时通风

在蹲菇期内必须认真观察,如若菇盖表面较湿润,菇棚盖膜上方有较多的水珠出现时,说明棚内湿度偏大,应采取晚上加温,同时打开通风窗进行排湿;如若白天菇盖表面明显润湿,应及早进行揭膜通风,降低湿度;若菇盖干燥,可推迟揭膜通风;若菇盖明显缺水,表明偏干,则不必揭膜通风。

### (二)调控温、湿度,促进菇蕾正常生长

刚入棚的幼菇,菇盖较小,一般在1厘米左右,应盖好棚膜,使棚内温、湿度提高。如果棚内达不到12℃时,应进行加温,空气相对湿度达不到70%时,可结合增温进行加湿,经培

养 1～2 天后,再揭膜通风。菇盖达到 2～2.5 厘米时,可在晚上揭膜,早上盖膜。

### (三)适时催花

一般蹲菇 7～10 天后,菌盖组织紧实,手触有坚实感,菇体长至 2～3 厘米时,可转入催花。如果菇体仍感不坚实,应继续培养 1～2 天。寒冬大雪天,可让幼菇在低温下发育,待天晴后进行增温、增湿。

### (四)防大风伤菇

蹲菇过程如遇大风天气,必须紧盖棚膜,并用秸秆把来风一面挡住,防止受大风侵袭,导致菇盖脱水;若挡风的条件差,一场大风过后,大部分幼菇表面干燥萎缩时,应盖好薄膜,并增温、增湿,使其复壮。

### (五)防有害气体伤菇

若棚架上层的幼菇盖面颜色变黑,说明夜间加温时没及时排出煤气,应在棚内上方开好 30～40 厘米的排气窗;如果通风条件较好,而菇盖发黑,说明加温的煤含硫量超标,应改为管道式增温方法。

# 十九、催花技术要点

催花是指人为创造条件,促进菇盖表面形成裂纹的过程,菇农称"促花"。在催花管理过程中应注意内部因素与环境因素的协调,具体掌握以下要点。

## (一)选择适宜的催花时机

菇蕾直径长至 2～3 厘米时,是催花的适期。若菇蕾直径达不到 1 厘米时催花,由于营养的积累不足,难以抵抗干燥环境条件,会引起萎缩死亡,或菌盖过早开裂,只能形成花菇丁;若子实体直径长至 3.5～4 厘米时再催花,将形成四周有直线辐射状裂纹,而菇盖中心干燥无裂纹的花菇。如果子实体已破膜开伞,再处于低湿度的环境中催花,只见菇盖表面干燥膨紧,不形成裂纹。

## (二)循序渐进,降低空气湿度

菌袋上架后需减疏菇棚东西向的遮荫物,同时揭开四周塑料薄膜,使东西向有空气流动,以降低棚内湿度。如遇棚温超过 18℃时,要增加遮荫物,揭开塑料棚膜,以降低湿度。气温连续低于 10℃时,荫棚上的遮荫物适当调开,甚至全部去掉,并垂挂四周薄膜,减少冷气侵袭。降低空气相对湿度要循序渐进,让菇蕾有个适应过程。起初 1～2 天空气相对湿度控制在 70％左右,使菇蕾表面干燥,逐渐出现微小裂纹,在此基础上温度控制在 10℃～15℃,空气相对湿度 50％～60％。当菇蕾生长至 2～3 厘米大小时,应掀开东西走向作业口的薄膜,并把四周罩膜拉高,以利于通风,促使菌盖裂纹。

## (三)在适温范围内运用直射光照

秋、冬季气温低,在温度 12℃～15℃范围内,直射光有利于花菇裂纹增白。光源调节方法,可采取疏减棚顶遮荫物,甚至全部揭开,让直射光透入,促使菇盖表面裂纹顺利形成,这是催花管理关键技术所在。但要注意,如果气温超过 23℃,

直射光会烧伤菇体,遮荫物就要调整,以防强光的伤害。因此,催花阶段应根据不同的气温条件,灵活地利用光照。

### (四)通风降湿,保持空气相对湿度 50%～60%

降湿可采用除湿器、煤球火力或热风管道置于菇棚内加温、排湿。但在催花期间,要防止环境过于干燥,以免花菇生长缓慢或干枯。北方气候冷,一旦过于干燥时,可采用喷雾器喷雾增湿,空气相对湿度控制在 50%～60%,促使盖面顺利形成花纹。

### (五)保持温度在 10℃～15℃之间,提高菇质

温度高低和温差大小,虽然不会直接影响花菇盖面裂纹的形成,但也影响花菇生长速度和菌肉厚薄。在较高温度环境下,只要子实体还能生长,都会形成花菇,但形成的花菇肉薄柄长,商品价值不高;若在 8℃ 以下的环境,虽然长出的花菇肉厚、柄短,但生长周期长,影响总产量。要争取在秋、冬季有限的黄金时期内,多长几潮肉厚、柄短的花菇,还需避免温度偏高或偏低,注意把温度调控在最适宜花菇生长的范围内 10℃～15℃,以夺取花菇高产优质。

## 二十、春季培育花菇技术措施

入春后气温逐日升高,江南与中原地区春雨连绵,空气湿度增大。菌袋经过秋、冬季长菇,布满凹陷伤疤,基质衰弱收缩,自身条件和春季外界生态不成正比,因此较难形成花菇。如果没有采取特殊措施,也只好脱袋转入培育光面厚菇,晚春生长薄菇。北方早春气候转暖较迟,东北各地清明才解冻,仍

可在春季长出花菇。春季培育花菇技术措施如下。

## (一)补充营养

入春后的菌袋内含水量较低,必须注水,并配以花菇生长素、催菇丰产素、福菇肽、菇得力等营养剂,使基质内增加水分和营养分。也可以采用尿素、过磷酸钙、葡萄糖及生长素等制成混合液浸渍菌筒,补充营养分。

## (二)因时催花

早春气温低时,如果菇蕾表面干燥可喷水增湿,下午 2～3 时当棚内大量菇盖裂纹时揭膜通风。如果晴暖天气菇蕾白天通过晾晒、风吹,表面偏干,可在夜间盖膜增湿。当菇盖湿润时,可加火升温,同时加大通风、排湿进行催花。大雾天气不揭膜,棚内加温、排湿,至雾气消失时揭膜通风。

## (三)控湿保花

雨天可在早上加温、排湿 3～4 小时,加温时火力要比平时加大 1 倍,并加大排气量,让棚内湿度在较短时间内降到 70% 以下。如菇盖边缘有明显干燥缺湿现象,可在下午揭膜或把两旁的薄膜撑起,让外界湿度透入,使其增湿,如此连续操作几次,即可正常生长白花菇。

## (四)防止烂筒

晚春气温升高,常出现菌筒霉烂,多因绿霉引起;有的因注水过多,又遇高温,使菌丝解体。防止办法是补水或浸筒后,菌筒应置于通风干燥处,让菌筒表面干燥。对已污染杂菌的部位,可用克霉精等拌酒精涂擦患处,并加大通风量,保持棚内空气新鲜。

## 二十一、采菇后菌丝的休养复壮

花菇采收后,袋内原有的营养分大量消耗,菌丝体生殖能力下降,如不养菌复壮,势必影响继续长菇。养菌复壮应掌握好以下四点。

### (一)掌握时期

以采完菇之日起 7～10 天,气温低时延长至 15 天,让菌丝体在这期间内恢复健壮,以达到采完菇后留下的凹陷处菌丝发白,吐出黄水时,说明菌丝复壮已达生理成熟。

### (二)保持适温

养菌复壮阶段,温度以 23℃～25℃为适。冬季气温低,可把菌袋集中于菇棚内,按"‡"字形重叠 5～7 层,上面盖草帘或秸秆,起到保温遮光作用。温度低的复壮较慢,如果光线太强,会刺激原基过早出现,影响第二潮菇质,因此要控光,避免强光照射。

### (三)补充水分

随着长菇潮数的增加,菌袋含水量明显减少,因此应适量补充水分。补水后以达到袋内含水量前期 50%～58%,后期45%～50%。24 厘米大袋第一次补水后的重量达到 4.3 千克左右,第二潮菇收后,补水后达到 3.5～4 千克即可,第三潮菇收后补水后菌袋重量达到 3.3～3.8 千克为宜,形成一个逐步减少的梯度。菇棚内相对湿度控制在 70%～75%之间,形成内湿外干的养菌环境,有利于菌丝复壮。如果此时空气湿度过大,会出现提前长菇,菇质较差,遇到寒冷天气,菇蕾容易萎缩。

### (四)适当通风

复壮期棚内适当通风,确保空气新鲜。补水后的菌袋,气温正常时直立排放在地上让风吹,迫使表皮干燥,夜间覆盖薄膜,经5天左右的管理,袋内菌丝体即可复壮,并继续长菇。

# 二十二、小棚大袋培育花菇

小棚大袋培育花菇技术始创于河南省泌阳县,这种培育花菇模式,已在中原及华东、华北部分地区推广应用。具体技术要点如下。

### (一)小棚选址与建造

场地选择向阳、通风、地势高燥、近水源、进出方便、环境清洁卫生的地方。如栽培规模不大,可将菇棚建在庭院内的树下,于春季气温升高时,可利用树冠形成的阴影遮阳,且通风条件好,环境干燥,有利于多出花菇。生产规模大,小棚可建在村边、果园或树林地条件适宜处。春末夏初,气温升高时,菇棚顶盖上可另架遮荫棚,并要高出大棚棚顶30厘米以上,以利于通风。

泌阳小棚的棚长5～6米,宽2.4～2.5米,面积12～15平方米,前后墙高1.6～1.8米,山墙顶高1.9～2米。菇棚采用竹木结构,或将两端用砖泥砌成墙,墙一端中间留宽60～80厘米,高1.7米左右的门,棚顶拱成"人"字形或半圆形。

菇棚内正对门处留宽 80 厘米的人行道,棚内两侧设架层,架层宽 80 厘米,每隔 1~1.5 米设立柱和横梁支撑,架层分 5~6 层,层距 35~40 厘米,每层用 4 根竹竿扎成搁板,供放菌袋用。每架层可横放 2 排菌袋。这样规格的菇棚,可排放 500~600 袋。棚上覆盖薄膜,两边落地,用土压实。冬季需要加温时,可在棚内修一条地下回形火道。菇棚附近建一个浸水池,以便补水时用。水池用砖砌成,长 2.5 米,宽 2 米左右,高 1 米,或者挖一个同样大小的坑,内垫一张厚塑料薄膜,做浸水池,可节约费用。

### (二)菌袋催蕾

菌袋经室内养菌 60~80 天后生理成熟,即可搬进棚内排放于架层上,并转入催蕾管理。进入催蕾期的菌袋,菌丝必须积累足够的养分,具备形成原基的内在条件。如果菌丝未达到生理成熟,无论采取何种刺激,都不会产生菇蕾。菌丝体达到生理成熟标志:一是菌丝满袋,瘤状物形成,并有零星小菇蕾发生;二是菌袋重量有明显减轻,一般为接种时菌袋重的 70%~80%,若为早熟菌株的菌袋,重量一般为接种时重量的 85%~90%;三是从接种后到上架前的时间,应依据该菌株达到生理成熟所需的菌龄。大袋的菌丝体在发菌培养期间进行刺孔透气,袋内水分散失较多,通常偏干。由于北方空气干燥,所以泌阳菇农催蕾采取浸水与堆袋盖膜保湿同时进行。在菌袋上刺 8~12 个小孔,然后排放在浸水池内,上面用木板压实再灌水,至淹没菌袋为度。要求水温要比气温低 5℃以上。尤其是第一潮菇。浸水目的是给菌袋以干湿差和温差刺激,补水量以菌袋含水率不超过 55%为宜,浸水后重量应稍低于 4 千克。

还可采取集堆覆膜催蕾:选择一块距浸水池和菇棚较近的干净、向阳、避风、平坦的场地,先在地上铺一层麦草,将水池中取出浸水适度的菌袋,一个靠一个竖立在地面麦草上,洒适量水后盖一层塑料薄膜和一层麦草,调节堆内的光、热、水、气,以促使现蕾。催蕾期罩膜内的空气相对湿度保持85%以上,即见罩膜内壁有水珠往下滴;堆温超过25℃时,应及时通风降温,一般通风20分钟左右,以不让菌袋表面菌膜晾干为准。经3～5天连续操作,即可现蕾。

### (三)割膜与疏蕾

当菌袋现蕾后,幼蕾尚未触及薄膜,菇蕾直径1～2厘米时,用小刀在幼蕾四周将薄膜割出2/3或3/4的圆形破口。同时进行疏蕾,留优去劣,把畸形的、不健壮的、丛生的、过密的幼蕾去掉,以每袋保留6～8个菇蕾为宜,尽量使留下的幼蕾保持适当距离,大小一致。

割膜后幼蕾伸出袋外,菌袋仍要集中在地面排堆放2～4天,在堆放时不要碰着、挤着、压伤幼蕾;把菌袋放斜一点,盖好薄膜和麦草,适当通风保持疏稀透光,但要防止大风吹袭。幼蕾已伸出袋外时,在地面堆放几天后,就可进棚上架。刚进棚上架菌袋的幼蕾,对环境的抵抗力弱,要使选留的幼蕾成菇,温度应控制在12℃～15℃,空气相对湿度80%～90%,并给予散射光和新鲜空气。

### (四)蹲蕾壮菇

蹲蕾的目的是控温促壮,让幼菇个体蓄积更多养分,使菇肉致密坚实,为培养优质花菇打下基础。当幼菇长到菌盖直径在2.5厘米时,进行控温促壮,一般蹲蕾需5～7天。此阶段温度控制在5℃～12℃,空气相对湿度保持80%～85%,给予适当的光照和充足的氧气。蹲蕾阶段棚膜白天是否掀去,要依天气和菇蕾的生长情况而定。无风的晴天和需要通风换气时可揭去棚膜,让太阳光直射幼菇,揭膜时间的长短,应以温、湿、光、气四个因素综合协调考虑,不能顾此失彼。蹲蕾达到手指摸菇盖有顶手感,似花生米硬度时,已达到其组织坚实,菌盖表皮产生裂纹后,就能培育出优质花菇。

### (五)催花、育花和保花

**1. 催花**  菇蕾成熟度以菌盖直径在2～3厘米,菌肉致密坚实,菌盖圆整,即可开始催花。此时可使裂纹呈龟裂状,育成优质的天白花菇或爆花菇。如菌盖直径大于3.5厘米时催花,易形成条状裂纹。小于2厘米时催花,易形成花菇丁,培育不出优质花菇。泌阳菇农在实践中创造了科学催花经验,归纳为:短加温、长通风、强光照"三字经"。具体操作方法如下。

(1)短加温  选择晴天夜间,在罩紧薄膜的菇棚内加温、增湿,使棚内温度迅速升高至25℃左右;同时喷水使空气相对湿度达到85%。加温、增湿每次3小时左右,可连续3～4天,使菇体表面处于湿润状态,加速细胞分裂,增加活力,使菇体肥厚。

(2)长通风  通过加温、增湿后,把菇棚罩膜全部揭开,使温度急降,温差达15℃左右,冷风侵袭菇体,使饱和状态的菇盖,又遇到干燥环境,形成较大的干湿差和温差刺激。造成菇盖表层与肉质细胞分裂不同步,逼使菇盖表皮破裂。如有2～3级微风吹拂,更有利于增加花纹深度。

(3)强光照  花菇无光不白,光线能促使菇盖裂纹后出白的组织,增加白色纯度。因此,必须增加棚内光照。秋、冬和早春日照短,晴天可全日揭开棚膜,让阳光直接照射在菇体上,迫使菇盖加速裂纹露白,形成白花菇。

强化催花必须灵活掌握温度、湿度、光照和通风,相互协调,才能培育出高产优质的爆花菇、天白花菇和亮花菇,其花菇率可达95%。

**2. 育花**　菇盖表皮裂纹继续加深、加宽,白色菌肉呈龟裂状,表皮不生长,只剩下点点斑斑褐色小块或全部变白的过程,俗称为"育花"。在幼菇菌盖表皮出现裂纹后,依照上述方法连续操作4～5天,时间选择在晚上11时以后,仍在棚内加温、排湿4～5小时,菌袋内温度达15℃以上,使幼菇慢慢生长,菌肉加厚、加密,裂纹不断加宽、加深,并越来越白。白天晴天时仍将菇棚上薄膜掀去,让冬季的太阳直接照射菌盖,有利于裂纹增加白度。

**3. 保花**　持续保持低温和干燥的小环境,使菌盖表面一直保持白色不变的操作管理过程,习惯上称为"保花"。如果棚内空气湿度达70%以上持续3～4小时,而且温度在15℃以上时,幼菇盖表面露出白色菌肉就会再生出一层薄薄的表皮,初形成的表面细胞层很薄,呈茶红色的膜;如若空气潮湿时间延长,且温度合适,表面细胞增多、加厚,颜色加深,这样必然把原来的白色菌肉覆盖,天白花菇就变成茶花菇或暗花菇,降低了商品等级。因此,要使天白花菇在生长发育过程中一直保持白度不变,就要防止菇棚内空气相对湿度超过70%。由于菇棚内地面潮湿、雾天或雨雪天空气湿度大,以及袋内水分蒸发量大时,也会由于晚上温度降低后空气相对湿度自然升高。在湿度大的情况下,温度在10℃以下时菌肉也不会马上变红。防止空气相对湿度增大的措施,要根据水分的不同来源,采用不同的方法。如雾天或雨雪天气就得盖紧菇棚薄膜,使菇棚内环境与外界隔绝;地面潮湿可铺地膜,也可采用加温、排湿方法。要根据具体情况灵活采用。

# 二十三、北方日光温室立体培育花菇

我国黄河以北地区,气候干燥,昼夜温差大,具有花菇生产得天独厚的自然生态条件,尤其是长城沿线的燕山山脉前盆地条件最佳。河北省遵化市科研部门从 1995 年开始利用北方日光温室设施,进行袋栽花菇试验研究,获得了可喜成果,1997 年 5 月通过专家论证:利用日光温室立体培育优质花菇属国内首创,花菇率和一级品达国内领先水平。近年来进行示范区推广应用,每年全市栽培量达 350 万袋,成为我国北方商业性规模生产花菇的一种新模式。

## (一)日光温室设施

北方日光温室,俗称塑料温棚,建造标准要求东西向、坐北朝南,方位偏西 5°左右。室宽 6.5～8 米,长度不限,温室脊高与宽比为 1:2.5,前后两温室间距不小于 5.5 米。温室性能指标:冬至季节室温 7℃以上,通过加厚草帘、引光增温可达到 15℃以上;光照采取调节草帘遮盖密度控制光照强度,室前面平均相对光照可达到 60%以上;抗雪负载 20 千克/平方米,抗风负载 30 千克/平方米,最大负载 100 千克/平方米。

## (二)生产季节

北方花菇生产季节分为春栽和秋栽。春栽 4 月下旬接种菌袋,9 月下旬进日光温室转色,10 月初至翌年 5 月长花菇;

秋栽 8 月下旬至 9 月初接种菌袋,11 月份至翌年 5 月份长花菇。按照不同气候特征因地制宜确定生产季节。

### (三)菌株选择

适于北方高寒地区栽培的菌株,春栽长菌龄、晚熟菌株,如 241-4、L-393、L-135 之类,菌龄 160～180 天;秋栽宜用短菌龄、早熟菌株,如 Cr-62、L-087、农 7、L-856、申香 6 号等,菌龄 60～75 天。注意两季使用菌株温型不同,切不可误引。

### (四)菌袋培养

栽培袋规格采用 17 厘米×55 厘米的中袋,25 厘米×55 厘米的大袋,15 厘米×55 厘米小袋 3 种不同规格均可。培养基配方以柞木、栗木的木屑 78%、麦麸 20%、石膏粉 1%、食糖 1%。按常规进行配制,装袋、灭菌、冷却。采取双层套袋不封接种口。

发菌培养温度以 23℃～26℃ 为适。春栽低温接种污染率低,但需加温发菌,菌袋越夏注意防高温,8 月中旬菌袋刺孔通气,诱引原基形成。秋栽时遇高温,注意温室通风,疏袋散热降温。养菌后期均需散射光照,有利于原基发生。

春栽的花菇菌株菌龄较长,需越夏。高温期发菌应注意的是:接种后菌丝发到 8～10 厘米直径时,脱掉外套袋,从接种口处进氧增温促进发菌;接种 10 天后每隔 8～10 天翻堆检查有无杂菌生长,并变换菌袋摆叠位置;发菌期间菌袋扎孔通气 2 次(高温期禁止扎孔通气),并及时进行降温;保持温室通风、遮光。

### (五)转色诱蕾

采用转色划口不脱袋出菇。春栽的菌袋于 8 月中旬开始打孔通气,促使原基形成;出现转色迹象时给 20% ～ 30% 的散射光线,加大昼夜温差,使温差达 8℃ 以上,菌袋转色一半以上时转场搬进温室上架摆放。此时通常在 9 月下旬或 10 月初。搬运时轻拿轻放,防止暴发性出菇。温室经 3 ～ 5 天日晒后喷石灰水,降低酸性环境,防止病原菌污染。秋栽菌龄 2 个月,约在 11 月份搬进温室上架摆袋,并进行日夜 10℃ 以上温差刺激,诱发菇蕾发生。当菇体长到 1 厘米时,进行选优去劣,疏蕾控株,用刀片划破袋膜,促进选留的菇蕾伸长。温室内相对湿度保持 70% 以下,并增加散射光照,使菇蕾正常生长。

### (六)蹲蕾催花

日光温室秋季温度往往高于子实体生长的 15℃ 温区,空气相对湿度均在 85% 以上。为使菇蕾培育肥厚,温度应控制在 10℃ ～ 15℃ 之间,可通过减少覆盖草帘,温室调至适于菇蕾生长发育范围;同时室内盖膜要敞开,加大空气流量,以利于降湿,空气相对湿度控制在 60%,维持 7 ～ 10 天,使菌盖裂纹,菇体逐渐膨大,达到催花效果。

### (七)保花保质

菇盖成花后,白天揭开草帘,让阳光直射菇体,温度 10℃ ～ 20℃,保持温室内空气流通,有足够氧气。室内空气湿度不超过 65%,使盖面裂纹逐步加深,增加白度、亮度,保花半个月以上,即可育成优质白花菇。日光温室秋、冬育花菇,温度好控制,难控制的是相对湿度,尤其是雨雾天气,如果催花、保花阶段排湿跟不上,必然造成白花变褐,纹理变弱,形成暗花菇或厚冬菇。为此,催花、保花阶段,必须认真观察室内空气相对湿度,白天加大通风量,晚上盖膜保温;雨雾天室内开电风扇,并在各通风口增设排气扇排湿。

## 二十四、北方日光温室四季长菇的管理

北方日光温室立体培育花菇,通过特有的人工保温设施,采用架层式立体栽培,便于调控温差,有利于花菇正常形成;通过随时调节湿度,保证花菇的质量和产量;适当调节光照度,增加花纹的白度;给予适当的调风,促进花菇形成和花纹的深度。四者有机地结合,以达到北方培育花菇的高品质、高产量和高效益。北方培育秋菇、冬菇、春菇和夏菇,在管理上要区别对待。

### (一)秋菇要控温防湿

9～10月份常有较高气温出现,可采取遮草帘、多通风,使其降温,室温控制 20℃以下,现蕾前空气相对湿度 85%～90%。待菇蕾长到 1 厘米时,用刀片破膜现蕾,使室内湿度降至 70%以下,并增加散射光照的时间。若遇阴雨、雾天温室不宜揭膜通风,以免使花菇白色裂纹变褐。

### (二)冬菇要防寒保温

日光温度培育冬菇可采用揭帘引光增温,必要时可在早上日出 1 小时后全部揭起草帘,日落前半小时放下草帘保温,使室温达到8℃～20℃,昼夜温差 10℃以上。

### (三)春菇要补水补营养液

争取春季多出菇、出好菇,菌袋经正常的养菌复壮管理后,采用浸水、注水,并加入生长素,补水比例以达栽培袋原重的90%左右为宜。袋膜严重破坏时,可剥掉袋膜,补水后重新加上外套袋,再划口现蕾出菇。

### (四)夏菇要降温防害

夏季气温高可采用室顶外喷水降温,室内撒石灰粉防潮,补水后喷药杀虫。5月底栽培袋营养已损耗90%以上,出菇结束。

## 二十五、畦床埋筒覆土培育花菇技术

花菇埋筒地栽与高棚架栽,两者环境条件有一定差别。埋筒借助土壤作用,产出的花菇肉厚、形好,品质优,但埋筒地湿度比高棚架栽高,因此,花菇产出比例较小。近几年来福建省长汀县在埋筒地栽花菇生产中,不断深入试验研究,获得成功,使花菇产出率由原来13.6%,提高到36.7%,其关键技术如下。

### (一)选好菌株

埋筒地栽花菇适用的菌株以 L-939、9015、L-135、沪农1号等为适。其中 L-939 菌株朵大,肉厚,形圆整,产量高,花菇率也高。

## (二)生产季节

3～6月份菌袋接种培养,埋筒覆土从9月下旬至10月上旬均可,花菇盛产期11月份至翌年2月份。

菌袋制作工艺:培养基配制→装袋→灭菌→接种→发菌,均按常规进行。菌袋规格长65厘米,比常规长10厘米,每袋装干料1.15千克。

## (三)埋筒覆土

菌袋生理成熟后,搬进野外菇棚内脱袋排场,以菌筒转色较好的一面朝天,逐筒平卧在经消毒处理的畦床上。畦床两边横排,中间纵排,四周留5～7厘米空位。采用潮泥沙,掺入2%～3%石灰粉,作为覆土材料。覆土时将畦沟里湿润的泥土铲至畦的四周空位上,略整实;再将覆土材料撒施在菌筒表面,厚度1厘米以上;然后在畦床上方搭拱棚,再罩上塑料薄膜,保温、保湿。

## (四)清理菌床

覆土后不需特殊管理,10天后菌筒转为红棕色,且较均匀。然后用棕扫把或尼龙扫把,在菌床上反复扫平风干的覆土材料,再把菌筒之间的空隙填满泥土,并浇清水反复冲洗菌筒,将出菇面清理干净。

## (五)催蕾促花

采取"浇水罩膜催蕾,排水通风促花",这是埋筒地栽花菇的特有管理技术。具体做法是:当菌筒偏干、不出菇或少出菇时,畦沟灌水,并用清水直接浇泼到菌筒上,每天1～2次,提高菌筒含水量。并拉低小拱棚的棚膜,保持小通风,增大畦面小气候的湿度,使空气相对湿度达 80%～90%,同时加大温、湿差,进行催蕾。当菇蕾大量出现时,即将畦沟蓄水排干,旱地栽培的停止喷水;再将棚膜提高进行中通风;当菇蕾直径达 2 厘米时,将棚膜提升到小拱棚的最高点,进行大通风,使畦面小气候相对湿度降至 60%～70%,促使菇蕾裂纹成花。

### (六)后期管理

出菇后期菌筒营养大量消耗,喷洒一定浓度的营养物质和生长调节剂,有显著的增产作用。例如:喷洒 2% 的葡萄糖溶液或蔗糖溶液,0.2% 的尿素或酵母粉,0.05% 的味精,3% 的草木灰溶液,0.5 毫克/升的三十烷醇溶液,30 毫克/升的柠檬酸溶液等。上述物质可单独使用,也可混合使用,出菇后期,每采收 1 潮菇后,可补充 1 次营养液,使菇体保持肥厚、优质高产。

# 二十六、挽救用错菌株不长花菇的措施

错用花菇菌种,常有两种情况:一是栽培者没掌握当地海拔和适用菌株的基本知识,片面听信传闻某菌株产出花菇率高,就盲目引种;二是制种户在供种时,没当好菇农的参谋,胡乱推荐"离谱菌株",甚至有的不恪守职业道德,为推销积压较多的菌种,以桃代李,损害菇农的利益;有的虽然引种对路,但菌种质量低劣,菌丝老化等。错用菌株,对花菇生产十分不利。如高海拔山区本应选用低温型、长菌龄的菌株,如 L-939、L-135、9015 之类,而误引高温型、短菌龄的菌株,由于菌株特性和温型不适应栽培区域,所以不长花菇,只长光面菇。

误用菌株影响花菇产出,首先必须经过确认后,及时采取措施加以补救。高海拔山区误用高温型菌株,如 Cr-04、Cr-20 等进行架层式栽培时,可采取改造菇棚,如增添加温设施,同时把菇棚上方遮阳物挪开,引光增温,使棚内温度能保持在 15℃～20℃之间,创造一种适温环境。由于高温型菌株,菇盖菌膜较厚,所以在变温催蕾之后,进入催花期时,必须适当提高棚内温度,加大通风量,创造较大的干湿差,迫使菇盖表皮破裂成纹。在催花时间比普通菌株增加 1～2 天,促使成花。

低海拔平川地区,误用低温型、长菌龄的菌株,如 L-939、L-135、9015 等用于棚架栽培花菇时,由于长菌龄菌株需要春季接种,越炎夏,低海拔地区气温高,菌丝受到严重挫伤,很难长花菇。挽救办法是必须改棚架栽培为脱袋埋筒覆土栽培,借助土壤的生理辅助作用,促进菌丝恢复生长。通过地面自然湿度和人为创造干燥条件,进行干湿交替和温差刺激,也可照常长花菇。但花菇率比例少。人工催花和保花的具体办法可参照埋筒覆土培育花菇。

## 二十七、白花菇变色的原因及处理方法

经过催花后菇盖表面形成龟裂,菇体内白色组织显露,形成白花菇。然而在 1～2 天时间内,盖面裂纹又由白色转为淡褐色、浅红色或茶水色,有的菌褶变黑。变色的主要原因是湿度偏大,经过催花后的菇棚,没有及时由高湿转为干燥;或棚内地面处理欠妥、地湿过高;或因催花后遇上雨雾天,通风排湿没跟上,造成棚内湿度高达 85％以上;或因光照不足,温度不适等环境条件,导致菇盖白色组织吸收湿气快,使菇体内

细胞加快分裂,从而裂纹又形成保护膜,并逐渐加厚,转为浅褐色;也有的菇体变成光面厚菇,菌褶变色,多因进行菇蕾强化催花中,棚内用煤炉加温,二氧化碳侵袭菌褶,引起菌褶褐变,色泽由白色变成浅黄色、深灰色或黑色。防止变色的办法如下几种。

## (一)创造干燥条件

菌盖表皮裂纹后,菇棚内的空间相对湿度要求由原来的80%～90%,迅速调低,调至50%～60%最为理想。若遇雨雾天气,必须盖密棚顶塑料薄膜,防止雨雾侵入棚内,增加湿度;同时应加温、排湿,否则在几小时内,也会使裂口表皮愈合,花纹模糊,出现浅红色、茶水色、红褐色。除创造干燥环境,防止雨雾侵入外,还要注意棚内防潮,地面铺油毛毡或煤渣防潮吸潮。

## (二)控制适宜温度

干燥还得配合适温,才能使菇盖裂纹不断加深。催花后进入裂纹期,温度应控制在12℃～15℃之间。一般催花期多处于晚秋,此时天气温度适宜,若气温过低,可把棚膜盖严密或用燃料加温等,使其升高温度。

## (三)保持强光刺激

催花后的菇棚,应照常实行强光刺激,使裂纹增白,并加速裂深。北方从冬季12月至翌年3月培育花菇,除阴雨天盖严棚膜防湿外,一般可实行整天揭膜,全日光照,使菇盖裂纹没有任何愈合的机会。而南方日照长,控光有所区别,在10℃以下时,宜"七阳三阴";15℃时可"半阳半阴";20℃以上时"三阳七阴";在 15℃以下要求强烈光照刺激,按此处理就可能形成裂纹深、花纹美的优质天白花菇。

### (四)排除有害气体

菇褶发黑影响到花菇品质。因此强化催花加温时,忌用煤炉明火加温,应采用棚外烧煤炉,管道进棚增温,并注意打开棚顶的通气窗,让棚内二氧化碳气体排出。温度在 25℃以内为宜,使菇盖和菌褶上下同步正常生长。

## 二十八、花菇长量少,光面菇多的补救措施

花菇培育过程不少地区出现花菇产出比例小,光面菇产出比例大的现象。其产生的主要原因和应采取的补救措施如下。

### (一)给基质补充营养

低温型、长菌龄菌株的菌袋,春接种、秋长菇,菌袋需越夏。由于越夏管理不善,菌丝在高温下严重挫伤,基质内水分下降。虽经后期培养,表层菌丝复壮,但转色较差;虽经温差刺激,但花菇长量少,朵形大,肉质偏薄,而大都长成光面菇。解决办法是此种类型的菌袋,不实行大棚架层栽培,只采取脱袋埋筒覆土培育,利用土壤中的微生物和地温、地湿,同时在菌筒表面喷洒营养液,如花菇增产素之类,并按照出菇管理要求,使菌丝尽快恢复强壮,转好色,仍可长出花菇。

### (二)降低催花湿度

催花阶段遇到下雨天,菇房的排气通风没跟上,或晴天喷

水偏多,使小拱棚内湿度恒定在80%以上。湿度偏高,菇盖表面菌膜因湿润而逐步增厚,裂纹浅淡或不裂纹,很难成花,导致菇盖平面光滑,产出光面菇。解决的办法是晴天把拱棚盖膜揭开,加大棚内通风口、增加风扇和排气扇,使棚内空气流畅,排除超高的湿度。如若是下雨天,拱棚盖膜四周敞开,留上面遮雨;并在棚内加温,同时加大通气量,降低湿度,最好把空气湿度控制在75%以下,以利于成花。

### (三)增加光照度

有些栽培者把花菇培育和常规栽培菇棚遮阳等同起来,因此,棚顶遮阳物过厚,或埋筒地栽夏菇,光照度不到100勒。花菇多长于秋、冬季节,此时日照比春、夏季短,加上遮阳物过密,缺少光照,影响花菇形成。解决办法是严格按照花菇生长对遮阳设施的要求做,对过于阴暗的菇棚,可将棚顶遮阳物疏开,引进光源。尤其催花之后进入保花期,必须有足够的光照,在日照较短的地区,可在中午拉开遮阳物,实行全光照3～5小时,以利于提高菇盖裂纹白度和亮度。

# 二十九、排除花菇污染的措施

1999年冬至2000年春季,花菇价格暴跌,直接影响菇农的收益。原因是出口产品含硫量高,不符合食品卫生要求。北方产区冬季花菇培育过程中,棚内增温采用煤炉加温,同时又紧盖棚膜保温,使大量有害气体滞留棚内,侵害菌丝、污染菇体,造成花菇含硫量超标;菌褶倒纹不齐,有的菇盖破裂,变褐、变黑、焦黄,甚至烟黑。当棚内加温30℃以上时,菇肉胶质化,膨胀,变成棉花菇,失去脆嫩风味,致使花菇品质下降,商品价值降低;而且棚内缺氧,危及人身安全。因此,袋料栽培花菇,防污染成为香菇生产和科研的一个重要课题。

山东省定陶县食用菌开发办公室,对此进行了专题试验研究,在满足冬季花菇生长发育所需的温度等条件下,从易于菇棚加温和降温为前提,采取在棚外起灶生火,用管道导热加温菇房,有效地避免了有害气体对花菇的危害,使花菇发育正常,畸形菇少,花菇品质明显提高。这种管道近似圆形,规格有大小头之分,大头内径 26 厘米,外径 29 厘米,小头内径 23 厘米,外径 26 厘米,管长 50 厘米。安装时,菇棚门口垒 1 个简易燃煤灶,煤灶每小时燃煤 7～10 千克。另一端墙外垒 1 个烟囱,底座 50 厘米×50 厘米,高 2.5 米以上。煤灶与烟囱之间用上述管道相连。管道大小头相连。从煤灶起第一节管道距地面 20 厘米,接口处密封防止漏烟,6 米×3 米×2.2 米的菇棚设 1 个管道即可。使用时煤灶生火,通过管道散热,有害气体及煤烟通过烟囱排出棚外,使棚内保持空气新鲜,既能达到花菇生长所需的温度,又可杜绝有害气体的污染,而且棚内不同高度温差小,升温均匀,加温速度快,效果好。因此,这个研究成果很快得到推广,全县有 5 000 多个花菇棚采取管道加温,有效地解决了花菇含硫量超标的问题,而且花菇肥厚,朵形好,花纹清晰、畸形菇少,大大提高了产品品质。

采用棚内管道加温、排湿培育花菇,避免污染,其操作方法如下。

### (一)利用管道加温,洒水增湿

当天气干燥、棚内湿度达不到花菇生长需要的标准时,就要对菇棚内进行加湿。方法是在管道上面铺几块麻袋片或草苫,生火点燃煤灶后,不断往麻袋上泼水,边蒸发,边泼水。这样很快就能使菇棚内布满湿气上湿气且均匀,增湿速度快,每小时可蒸发 50 升水。

### (二)间歇加温催花

利用管道生火加温催花,其方法是当温度达 14℃～18℃、且菇面开始出现裂纹时熄火;揭开棚膜通风 5～10 分钟,使菇棚迅速降温降湿,然后盖膜至天亮,白天揭膜通风晾晒。第一次加温后间隔 1 天进行第二次加温,将棚温升到30℃,保持 1 小时左右;当温度达 15℃以上时,熄火揭膜通风5～10 分钟,然后再盖膜至天亮。

另一种方法是升温、加湿催花。若空气过分干燥,白天经过揭膜让菇蕾接触自然气候,部分幼菇出现萎缩状,夜晚 18时左右盖膜,然后进行加温、加湿。当棚膜有明显水珠聚积,菇表面用手摸有湿润感觉并略有粘手,菇蕾有弹性时,停止加湿。保持棚温 12℃～15℃,当菇面出现大量裂纹后,开始升温、排湿。第一次排湿棚温升高到 30℃,保持 2 小时左右,当温度降至 15℃时熄火,揭膜通风 5～10 分钟后,盖膜至天亮,白天再揭膜通风晾晒。第二天重复第一天升温排湿方法,当排湿、温度升高达标时,保持 1.5 小时,然后熄火揭膜 5～10分钟,盖膜至天亮。

### (三)排湿保花

保花阶段排湿是保持花菇白度、亮度、花纹深度的关键措施之一。排湿方法是正常天气白天揭膜通风晾晒,夜晚盖膜后棚内相对湿度升高时,进行生火排湿。首先将棚温升到30℃时,揭膜通风 3～5 分钟,菇棚两端上方各留 20 厘米×20厘米排湿孔;保持棚温 25℃～30℃,时间 2 小时左右。当温度达 15℃,且菇面有干燥感时,熄火揭膜 5 分钟,封棚至天亮。非正常天气全日封棚,不分昼夜排湿。首先将棚封闭,点火加温到棚温 30℃时,打开棚膜两端上方排湿孔,保持棚温 25℃～30℃;当菇表面有干燥感时,熄火,并全封棚。熄火后菇棚继续回潮,达到湿度要求后再生火排湿。

为确保我国花菇品牌,要禁止用明火煤炉在菇棚内加温,普及推广管道和火炕道加温。呼吁专业生产机械厂家尽快研制出适于菇棚空气加热干燥的机械设备,通过空气干燥机,把干热空气送进棚内,问题才能迎刃而解。

# 第六章 开展组合栽培，争取综合效益

组合栽培指的是香菇与其他菇菌或农作物、果树等间种套种和连作，巧妙利用空间与地间的自然生态条件，使香菇生产与农作物生产相互促进，提高菇田利用率，争取更高的效益。

## 一、组合式栽培常见误区

### (一)品种搭档欠妥，茬口衔接不上

有些菇农没有安排好香菇栽培场终止的时间，使搭档的作物无法适时下种。香菇与水稻搭档，香菇秋栽长菇终日应为5月份之前。香菇收成后的田地，还得蓄水犁耙然后才能插秧，常因收菇扫尾时间拖延，致使秧苗过熟，影响水稻生长和产量。

### (二)菇果间套，施肥喷药不当

果树园间套种香菇便于遮荫，但果树离不开喷洒农药治虫。有的菇农在喷药时没对香菇采取保护措施，结果药物洒到菇体上，引起霉烂或农药残留，影响品质。

### (三)管理没跟上，主次作物收益不高

组合栽培在品种、茬口、管理等都得环环紧扣，稍有一个环节脱离，就会带来生产歉收。特别是香菇与多种作物交叉

立体栽培时,常出现顾此失彼,达不到应有效益。

# 二、玉米地间种香菇

玉米地间种香菇首创于东北地区(彩35),现每年栽培面积达 500 万平方米,形成一套成熟的地栽香菇工艺,收到较高的效益。据黑龙江省林口县报道:每栽培 667 平方米土地,实际种植香菇 330 平方米,一般投资 6 000 元左右,收成鲜菇 3 500～5 000 千克,平均价 5 元/千克计算,产值达 17 500～25 000元,除成本 6 000 元外,净利 11 500～19 000 元。根据吉林农业大学菌物研究所 2004 年报道资料整理,香菇与玉米间作技术规程如下。

## (一)生产季节

根据东北气候,香菇栽培季节以日平均气温在 1℃～5℃时为最佳播种期。辽宁省播种适期为 3 月 20 日至 4 月 15 日,最迟不超过 4 月 15 日;吉林省播种适期为 4 月 1 日至 15 日,最迟不超过 4 月 20 日;黑龙江省播种适期为 4 月 20 日至 5 月 1 日,最迟不超过 5 月 15 日。

## (二)培养基配制

常用配方有以下 2 组:

**1. 配方之一**　杂木屑 85%、麦麸 10%、玉米粉 2%、豆粉 1%、石灰 1%、石膏 1%。

**2. 配方之二**　杂木屑 45%、玉米芯粉 40%、麦麸 10%、玉米粉 2%、豆粉 1%、石灰 1%、石膏 1%。

培养料混合拌匀,其含水量 55%左右,常压灭菌,上大气

2小时后停火,30分钟后出料控干,趁热装入经消毒的编织袋内,扎紧袋口,置于野外避风阴凉处冷却。

### (三)整畦播种

畦床选择通风良好、不涝不旱、不是粘重土及沙质土。畦床坐北朝南,东西垄向,畦床宽60厘米,人行道宽80厘米,长度不限,每10~20米长做1个小埂,畦床高出地面20厘米,畦面龟背形,畦面用石灰消毒(200克/平方米)。

菌种选择Cr-04、L-26、L-867、L-937、Cr-66、武香1号等菌株。播种时先将香菇菌种掰碎成玉米粒大小。在消毒过的水泥地面,将冷却的培养料按20千克干料(湿重45千克)混拌菌种4~4.5袋。播种时,先在畦床上铺地膜,再将拌有菌种的培养料铺在地膜上。每平方米铺料20千克(干料量),厚8~9厘米。然后将菌种按每平方米2~2.5袋的比例均匀播于料面,拍实压平后料厚6~7厘米。

菌料压平后,床面再铺放经石灰水浸泡控干的稻草,横向放一束通风草把。草把一头放在薄膜上,再折回另一侧薄膜,然后将菌料包好,并将稻草把头露出薄膜外。最后覆土厚5厘米左右,同时人行道中间开一条排水沟。

### (四)作物种植

香菇播种结束后,按照每条人行道北侧种植1行玉米或向日葵,作物可作为香菇的遮阳物。玉米株距20~25厘米,向日葵株距45~50厘米。要求晚间苗,多留苗,以免菌床撒土时碰伤小苗。

### (五)撒土开包

一般播种 30 天左右,菌丝穿透培养料,即 5 月中下旬进行撒土开包。操作时,选择无风晴天早晚进行,先将菌床上的覆土用光滑的木板轻轻刮开,把土推到畦床边,抖掉薄膜上的残土,揭开塑料薄膜,将稻草把和稻草轻轻取出;再将床两侧塑料薄膜折回,以利于通风。同时在畦床上搭拱膜棚,用草帘遮阳。

### (六)转色催蕾

**1. 通风**　开包 7 天后第一次通风,时间为 30 分钟,选择无风天或雨后的上午 11 时前或午后 2 时后进行。操作时卷起草帘,打开塑料薄膜,料面有水珠和积水的地方用泡沫塑料吸除,积水较多的要用木棍扎眼,使水渗到地下。第二次通风是开包后 14 天,方法、时间同第一次一样,湿度大、菌皮突起成瘤状的要通风 1 小时,结合通风清除料面积水。

**2. 光照**　散射光可促进转色。拱棚上稀遮草帘,有散射光照射床面,即可满足菌丝转色对光照的要求,达到正常转色。

**3. 湿度**　开包后如降雨过多,要增加通风次数,及时排除料面积水。长时间干旱时草帘调低,也可在晚上揭膜让露水湿润床面或人工喷水。

**4. 温差刺激**　第二次通风后,菌丝达到生理成熟时,选择无雨天的晚上,打开草帘,揭开薄膜,第二天早晨再盖上。经过 5～6 天的温差刺激,培养料表面出现爆米花状裂纹,菇蕾很快形成。

**5. 拍打催蕾**　转色后若长时间不出菇,可打开塑料薄膜用木块拍打料面催蕾,拍打疏密要根据不同菌株和商品菇的要求适当掌握。

### (七)出菇管理

转色后进入 6 月中下旬,畦床两侧出现报信菇,7 月上旬至 8 月中旬,气温达到 25℃ 以上时,歇伏越夏,将料面收拾干净并调高草帘;雨后及时清除料面积水,防止高温、高湿及杂菌感染。干旱时可往排水沟内放水,防止菌块干裂。立秋后气温开始下降,当日平均气温降到 20℃ 时开始出菇。菌块过干时要适当拍打或踩踏一下,随后浇水,促进出菇。阴雨天可将草帘掀开,让其自然接受雨露增湿。秋菇采收结束后,将拱条撤掉,把草帘或散草盖在菇床上越冬,培养料含水量偏低的应适当补水,使其含水量达到 40%～55%。翌年 4 月中下旬,将散草拣出,料面收拾干净,培养料偏干的,要补充水分,使培养料含水量达到 55%～60%,进行正常出菇管理。

在东北玉米地间种香菇模式,进而出现利用林地间种香菇(彩 36),从而拓宽了香菇生产场地。

## 三、菇、菜、粮、豆组合立体种植

近年来香菇组合栽培技术不断创新,山东鲁东大学发明一种"地栽木耳、春芸豆、莴苣、玉米四高产立体种植"新技术,2000 年获山东省科技进步二等奖。这一科研成果很快被香菇产区菇农仿效,转化为生产力。形成了"菇、菜、粮、豆"间作模式,其主要技术如下。

### (一)品种搭档

此种模式适应区域为南方海拔 300 米以上,600 米以下,北方夏季气温不超过 25℃地区。

香菇选用中温偏高型,抗逆力强,产量高的菌株 L-26、Cr-04、8500、武香 1 号等,适合夏季长菇。

玉米选用植株高,下部叶片较平展,耐密植不倒伏,生长期较长的品种。

莴苣选用耐低温、抗病虫害力强,生育期较短的品种。

芸豆选用叶片较大,枝叶茂盛,生育期长的品种。

### (二)整地播种

选择地势平坦,通风向阳,排灌畅顺,土壤肥沃的田地。冬前深翻,结合施有机肥,每 667 平方米 3 000 千克,早春整地,采取南北行向播种。

莴苣 3 月上旬栽植,株距 30 厘米,行距 40 厘米,畦宽100 厘米。

芸豆 4 月中旬播种,株距 10~15 厘米,垄宽 20 厘米,种1 行。

玉米 4 月下旬播种,株行距 20 厘米,畦宽 40 厘米,种 2行。

香菇 3 月上旬接种菌袋。菌袋规格 15 厘米×50 厘米,培养基配制按常规。

### (三)作物茬口衔接

莴苣栽植后经过 2 个月生长期,至 5 月上旬采收,芸豆 6月上旬茎蔓已爬满架杆;玉米也进入开小口期。利用架下空闲地作为香菇栽培畦床。香菇接种后经2个月发菌培养,菌丝生理成熟即可搬到芸豆和玉米间空闲地面上,进行脱袋埋筒覆土栽培,此时作业道间种的玉米已枝叶茂盛,起到遮阳作用,而芸豆起到遮阳和固氮作用。

### (四)田间管理

莴苣移苗种植后及时施肥、松土,干旱天浇水促进延长生长。芸豆适时浇水,结合松土,促进早发苗。适时施肥,使其延长绿叶期,更好地发挥遮荫效果。玉米遇到春旱,应及时浇水并结合施肥,促进生长。香菇脱袋摆筒前,地面先用水浇湿,然后逐筒靠紧平放于地面,并在菌筒上覆土1厘米厚,喷水保湿。同时在上方插好拱架,雨天盖地膜防止雨淋。作物间作由于夏季气温较高,地面水分蒸发快,因此要每天早晚喷水保持畦床湿润。覆土后7天左右菌筒自然转色,用清水冲洗出菇面,使菌筒上面的覆土移到菌筒之间的缝隙中,填满缝隙,形成平面的长菇菌床。并采取盖膜调节温湿度,人为创造温差刺激。进入催蕾期,可在早晨用小树枝条在筒床上拍打,喷水刺激,诱发菇蕾出现。长菇期注意保持空气湿度,有条件的可安装微喷设施,促进香菇正常生长。

## 四、水稻、木耳、香菇连作

稻、耳、菇连作,充分发挥土地利用率,有效地解决南方土地少,水稻产区菇、粮争地的问题。稻田套栽木耳是利用水稻生长的后期遮荫度高,湿度大、氧气充足等特殊小气候进行栽培。水稻、木耳收成后,冬闲田用来栽培香菇,至翌年5月收菇结束,继续种植水稻(彩37)和套栽木耳,形成稻、木耳、香菇有机结合,循环递进立体栽培,提高经济效益。每 667 平方米面积的稻田可套种 6 000 袋左右,产鲜耳 2 000～3 000 千克,产值达 4 000～5 000 元;香菇栽培 8 000 袋,产值 16 000元,稻、耳、菇总产值达 2.2 万元,达到高效目的。通过水旱轮作,有效改良土壤,减少病虫害,符合香菇无公害生产的要求。因此,是值得推广的一种模式。其具体栽植方法如下。

**(一)茬口安排**

这种模式适于长江以南水稻产区。可以早晚两季套种木耳,再种香菇。一般在 5 月初早稻插秧结束,6 月 1 日前晒田;木耳菌袋应于 4～5 月份制作,发菌培养至 6 月上旬至 7 月份搬进稻田,排放于行株间出耳;晚稻一般 8 月 1 日前插秧结束,8 月 20 日以前晒田;木耳菌袋应于 7 月份制作培养,8 月下旬至 10 月份排放到田间出耳。长江以北地区应按单季水稻插秧结束日起,提前 20～25 天制作木耳菌袋。香菇应于 8 月中旬开始制作菌袋,经培养 60～70 天后,于 11 月份进田排场长菇,至翌年 4 月底前收菇结束。

**(二)配套品种**

**1. 水稻** 双季稻品种应选用生长期适中,抗病性强,耐肥抗倒,植株茂盛的高产优质品种。生长周期早季 120 天,晚季 110 天。单季稻常用谷优 527、明优 86,生长周期 140 天。

**2. 木耳** 适宜稻田间种的品种,主要是中高温型的,如紫木耳、毛木耳,子实体生长适温范围为 15℃～30℃,抗逆性强,在高温条件下不产生流耳和烂耳。

**3. 香菇** 选用 Cr-62、Cr-66、L-856、L-087、9018 等中温偏低型菌株,菌龄 60 天左右,出菇中心温度 8℃～23℃,长菇

季节为秋、冬、春。

### (三)木耳、香菇菌袋制作

木耳菌袋培养料配方按常规,菌袋规格 17 厘米×33 厘米,每袋装料湿重 750 克,袋口套环塞棉花或两端封口,袋面打 4 个等距接种穴,胶布或胶纸封口。按常规灭菌、接种,培养 30～35 天菌丝长满袋。稻田套栽紫木耳,由于共生期短,制袋宜早不可迟,做到"宁可袋等田,不可田等袋",否则错过套种期。

香菇菌袋培养基配方和制作培养参考常规操作,10 月底前菌丝要达到生理成熟,以便于进田脱袋排场。

### (四)耳袋下田

木耳套种菌袋下田前 1 周,需进行划口催耳。每袋划出耳口 6～8 个,开口长 1.5～2 厘米,深度以不伤及菌丝为度,划口后上架堆码,然后喷水保湿,催耳 1 周后原基从划口处形成。

稻田按畦宽 1.5 米,长不限,畦沟宽 33 厘米,深 10 厘米,畦东西向,行南北向,围沟宽 17 厘米,深 17 厘米,兜行距 15 厘米×20 厘米,兜行间有宽 40 厘米的作业道。每 667 平方米稻田 9 万基本苗,及时中耕施肥,促进早封行。

耳袋下田前,施农药防治病虫害,并按水稻生育期晒田,使畦沟内泥土硬而不散。耳袋下田时,逐袋排放在兜行间,并用长 15 厘米的尖头竹签,从耳袋中部穿透固定在畦床上,使袋间有 12 厘米的距离。

### (五)田间管理

耳袋下田后的 1～4 天为原基分化期。每天上午 11～12

时及下午 4～6 时灌水,使水淹没至耳袋基部位,经 30 分钟后排水,至沟中仍满水为止。若耳袋下田遇连日阴雨,要及时排除畦沟积水,浅留或不留沟水。数天后耳片很快舒展,进入子实体生长的盛期,管理上做到晴天灌水满沟,阴天宜灌水半沟,雨天排干水。耳袋下田后一般经 10 天左右即可采收第一潮木耳,采后间隔 4～5 天再收 1 潮,整个生长期可采 4～5潮。至 10 月份田间水稻、木耳收采结束后,正值 11 月份,香菇菌袋下田。先整理好畦床,搭好排筒架,上盖遮阳网(彩15),然后进行脱袋排筒(彩 16)转色,出菇管理按常规。

# 五、葡萄园套栽香菇

葡萄在我国从南到北都能栽培,而且栽培规模很大。利用葡萄棚架下的地面栽培香菇,不仅可免搭遮荫棚,节省成本,而且在气温高时,葡萄的枝叶还可以调节温度和空气湿度,对香菇生产十分有利。这是一种葡萄种植同香菇培育相结合的高效生产,因此,很快地在葡萄产区推广应用。西北地区葡萄园间作香菇的措施如下。

## (一)园地整理

套种香菇的葡萄园最好的是搭棚架,选 4 年以上果树,遮阳效果好,并要求地势平坦、排水方便。栽种前葡萄园整地做畦,一般畦宽 80 厘米,深 20～30 厘米,长度视园场而定。在畦上挖 1 条约 10 厘米宽的水沟与果林水渠相通;畦两侧每隔60 厘米插 1 支竹片,搭成小拱棚。

## (二)季节安排

香菇生产抓住春、秋黄金季节。春、夏季间作的香菇菌种选用中温高型的申香 2 号、苏香、Cr-04、武香 1 号、汉香 2 号菌株。2～3 月份制作菌袋与培养,5 月份脱袋排场转色出菇,至 10 月份结束。秋季间作的菌种选用低温型或中温偏低型的 Cr-62、L-856 等菌株。7~8 月份菌袋制作与培养,11 月份脱袋排场转色出菇,至翌年 4 月份结束。

## (三)菌袋制作

菌袋选用 17～24 厘米×55 厘米的折角袋,外套用 18～25 厘米×58 厘米的塑料袋,培养料配制与接种发菌培养,其工艺流程按常规操作。

## (四)排场转色

提前 7 天铲除葡萄园间杂草,用 800 倍敌敌畏和 5％甲醛液喷洒畦内,在畦面撒一层石灰粉。菌袋菌丝生理成熟时脱袋排场。将菌筒竖直放在畦内,间距 5 厘米左右,填 2 厘米厚的细土将菌筒竖直固定好。拱形支架上盖塑料膜,向畦内浇 1 次水,创造一个恒温、高湿的小气候,促进菌丝迅速生长。温度控制在 18℃～25℃,空气相对湿度 85％,有散射光照为宜。早晚掀膜通风、透气,每天傍晚喷水 1 次,一般 10～12 天形成薄层棕褐色菌膜。在转色过程中发现有黄色水珠蓄积时,用清水冲掉,以防生霉烂筒。

## (五)出菇管理

催蕾采用温差刺激,分清季节,低温季节以盖严拱棚盖,提高棚内温度为主;高温季节白天向畦沟内灌水,借助葡萄枝遮阳为主。棚内保持散射光照,注意掀膜透气。香菇子实体生长期应保持空气相对湿度85%～95%,葡萄园主要是保证水分及时供应,通常早晚各喷雾状水1次,以浇湿畦面及菇筒为准。西北地区具备昼夜温差大、气候干燥的自然条件,培育花菇十分有利。一般白天掀膜,傍晚喷水,晚上加温、排湿,第二天早上掀膜浇水,形成2个温差、干湿差相互交替。经4～6天连续刺激,花菇菌盖表皮开裂形成花纹,为使菇盖大而白,裂纹深宽,再保持10～15天低温干燥的自然环境,白天掀膜增温排湿,晚上盖膜加湿,空气相对湿度达90%以上,即可培育出优质花菇。

此外,有的果农在葡萄架下种菇、养鱼,形成果、菇、鱼结合的立体式栽培方式(图6-1)。

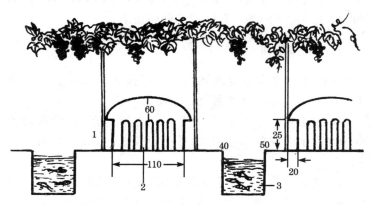

**图6-1　葡萄架下种菇养鱼　(单位:厘米)**
1. 走道　2. 拱形低棚菇床　3. 养鱼浅池

# 六、花菇、金福菇、银耳结合栽培

野外菇棚架层式集约化栽培花菇,每年11月份菌袋上架排场,利用冬季气候促进菇盖开裂形成花纹,直至翌年4月份收成结束。而5～10月这6个月份为培养架休闲期,其中6～9月份为高温气候,可用来栽培高温型的珍稀品种金福菇;10月份用于栽培中温型品种银耳(彩38),形成了周年制配套生产。一般长10米,宽3.2米,高2米的菇棚,内设5～6层培养架,摆放花菇1.6万～2万袋的,可栽培金福菇1.5万袋,收成鲜菇7000千克,产值2.8万元;栽培银耳1.5万袋,收成银耳干品980千克,产值2万元,加上花菇产值4.2万元,每棚总产值突破9万元,除成本外,可获利4万～5万元,是一种高效益的生产结构。具体技术措施如下。

## (一)茬口安排

此种栽培模式适应区域在南方海拔300米以上、600米以下地区,长江以北小平原地区一般均可栽培。

**1. 金福菇** 菌袋制作应于3月上旬进行,经发菌培养50～60天生理成熟,5月上旬进棚上架长菇,直至9月底结束。

**2. 银耳** 菌袋制作于9月下旬,在室内发菌培养13～14天,然后搬进野外菇棚上架、扩穴培养出耳,25～28天即可收成。

**3. 香菇** 8月下旬菌袋制作、室内发菌培养60～70天,菌丝生理成熟,11月上旬进棚排场,长花菇至翌年4月底结束。

## (二)菌株选择

金福菇选用高温型、菌龄 40 天左右的菌株,出菇中心温度 25℃～28℃;银耳选用 TR-88 中温型,出菇中心温度 23℃～25℃,整个生长期 35～40 天;香菇选用中偏低温型,以 Cr-62、Cr-66、农 7、958 为好,菌龄 60～70 天,出菇中心温度 8℃～25℃,晚秋和冬季出花菇,春季出光面菇。香菇培养基配方按常规。

## (三)出菇管理

品种不同,产菇季节不一,出菇管理也有别。

**1. 金福菇** 经室内 25℃左右避光干燥培养 40 天,菌丝长满袋后进入生理成熟期,及时进棚上架,打开袋口覆土 4～5 厘米,一般覆土后 13～18 天出菇。此时加厚菇棚遮荫物,温度控制在不超过 30℃,空气相对湿度 85％～90％。长菇期处于高温季节,应停止喷水以免烂菇,强调通风增氧。每潮菇收后停止喷水,生息养菌 5 天后继续喷水、控温、通风、光照,2个月后第二潮菇出现,通常可收 4 潮菇,生物转化率 100％。

**2. 银耳** 菌袋接种后 13～14 天菌丝生理成熟,及时搬进棚内排放于培养架上,并用刀片沿着菌袋接种穴边缘环割去 1 厘米宽的袋膜,连同封口的胶布一起去掉,使耳穴直径达 4～5 厘米,并用经阳光晒后旧报纸铺盖于袋面,喷水至纸面湿润,温度以 20℃～22℃为适,促进幼耳生长。长耳期处于10 月中下旬,如天气无特殊变化,自然气温比较适应,以23℃～25℃最适,每天喷雾状水 1 次,空气相对湿度保持在90％～95％,进入成熟期停湿 4～5 天,促使朵形圆整,耳片舒展整齐。

**3. 香菇**　菌袋 11 月上旬进棚脱去套袋,平摆架层上,经 3～4 天后,人为开、闭内棚盖膜,使昼夜温差达 10℃以上,连续 4 天温差刺激,诱发菇蕾;然后喷雾状水于空间,使相对湿度达 80%,诱发菇蕾破膜而出;通过选蕾疏蕾后,棚顶疏稀遮荫物,引光刺激,使菇盖裂纹增白,形成花菇。具体管理参见花菇培育部分。

# 七、香菇、灵芝组合栽培

香菇、灵芝栽培,既有相似的一面,又有不同的特性。两者都是以培养料装袋作载体。灵芝子实体发生在夏、秋两季,香菇子实体则发生在冬、春两季。香菇在荫棚畦床上排筒出菇管理,而灵芝袋栽在荫棚畦床内埋筒覆土出芝管理(彩39)。灵芝与香菇在场地要求、畦床方式、光照通风条件上基本相似,完全可以将香菇、灵芝组合进行周年栽培生产,提高栽培场地的利用率,达到高收入。

## (一)栽培形式

香菇与灵芝组合栽培有 2 种形式。

**1. 秋菇夏芝**　春季接种香菇菌袋,采用 241-4 菌株,长菌龄,菌袋越夏养菌,秋、冬季出菇;灵芝春末接种,室内发菌,夏季菇棚休闲期排场出芝。

**2. 夏菇秋芝**　香菇春季 2～3 月接种,采用高温型 Cr-04、Cr-20 等菌株,短菌龄,菌袋夏季进棚埋筒覆土出菇;灵芝夏季接种养菌,秋季菌袋进棚埋筒覆土出芝。

上述 2 种方式组合栽培的灵芝品种,应选用适应性强的品种,如韩国赤芝等。

## (二)生产季节安排

灵芝生产季节,宜在夏季气温高于30℃之前及秋季气温低于20℃之前灵芝子实体进入生理成熟。组合栽培时在海拔400米左右的地区,秋菇夏芝组合时,香菇接种应安排在2~5月份;灵芝接种期一般安排在3月至4月上旬。夏菇秋芝组合时,灵芝的接种期安排在7月上旬,香菇接种期安排在2~3月。并且随着海拔的升高,灵芝的接种期也应适当推迟。

## (三)栽培管理措施

香菇、灵芝组合周年栽培,在每次香菇或灵芝栽培结束后,均应及时清理生产场地,以备下次灵芝或香菇栽培生产。香菇菌丝长满全袋的241-4菌株越夏养菌,注意防止高温为害。灵芝栽培可用15厘米×30厘米聚乙烯薄膜袋,经装袋、灭菌、接种后在培养室进行菌丝培养,温度控制在24℃~26℃,利用自然气温发菌。气温超过30℃时,要采取通风等降温措施,还要保持培养室有一定的散射光照。一般经35天左右培养菌丝可长满全袋,即可进行出芝管理。

春季气温低,当灵芝菌丝布满全袋后,应及时移入光照较充足的菇棚,摆在畦床上覆盖薄膜进行催蕾。空气湿度保持85%~95%,出现芝蕾时拔去袋口棉塞,并适当剪短袋口薄膜。当芝蕾伸出袋口逐步形成菌柄菌盖时,注意温度、湿度、通风和光照的调节。灵芝的出芝适温为25℃~30℃,空气相对湿度在85%~95%。当灵芝进入成芝期后,在气温适宜的条件下,必须直接向子实体上喷雾化水,每天2~3次,并加大通风量,防止潮湿。

# 八、香菇、竹荪组合栽培

香菇、竹荪组合栽培（彩 40），是根据竹荪多在野外畦床栽培，播种后在畦床内潜伏，每年 6 月出荪，只有一季，其余 8 个月畦床是空闲时期。用竹荪采收结束后的空闲地栽培香菇，可组合成周年生产。竹荪栽培的场地、遮荫、畦床与野外袋栽香菇相类似，是一种环境条件相同，交替使用场地，互不矛盾的有机结合。竹荪培养料和菌丝生长在畦床之内，而香菇脱袋排场是放在畦床之上，是一种地面、地下的立体栽培，一地两用、一举两得。组合栽培技术如下。

## （一）季节安排

竹荪畦床套种香菇，竹荪栽培季节应选在 10～11 月间，此时正值香菇脱袋下田之时。为安排好香菇的产菇季节，竹荪应在香菇脱袋下田前 15 天堆料播种，使竹荪菌丝萌发定植。香菇菌袋下地排场后，一般 12 天左右才开始喷水使菌筒转色，这样前后有 25 天左右的时间，竹荪菌丝已蔓延入基料中，此时湿度要求刚好与香菇脱袋喷水有机结合。如果间隔时间太短，菌丝正在萌发定植期不需水分，如水分过大会导致竹荪菌丝霉烂。

另一种是利用现有香菇畦床栽培竹荪，只要有每年 5 月份香菇子实体采收结束的场地，竹荪栽培季节就可安排在 4 月份。当香菇菌筒搬离畦床浸水时，趁机把竹荪菌种播在畦床上，然后把香菇菌筒搬回畦床上排放。另外，春季香菇菌筒开始不同程度地解体，此时进行菌筒调整，把已解体的菌筒搬走，尚未解体的菌筒集中，腾出畦床分期分批地播种竹荪。5

月份香菇采收尚未结束的场地,不宜种竹荪。海拔 600 米以上的高寒山区,6～9 月份菌筒仍在长香菇,也不宜种竹荪。

### (二)配套品种

要衔接好竹荪、香菇生长季节,在品种上要配合好。竹荪应选择高温型荆棘托竹荪菌株,如 D-古优 1 号、D-76、D-720 等,产菇均在 6～9 月间。香菇必须根据海拔高低,因地制宜地选择配套的菌株。南方各地海拔在 300 米以上、600 米以下的地区,应选择中温偏低型香菇菌株,如 L-087、L-856、Cr-02、Cr-62 等。香菇实子体在 5 月底前基本上采收结束。在海拔 300 米以下的地区,常用的香菇菌株,如 Cr-04,Cr-20、L-26 等,5 月底基本上也采收结束。这样才能适应 6～9 月间竹荪子实体的生长需要,使荪、菇相衔接,互不干扰。

### (三)管理要点

香菇、竹荪组合周年栽培技术,第一年竹荪的堆料、播种栽培管理,香菇菌筒的制作、培养管理均按常规方法,只是在菌筒排场前后和采收结束时,要掌握好以下几点。

**1. 畦床整理** 香菇采收结束后,及时把畦床整理成中间高、四边低的龟背形,并把人行道、排水沟挖深一些,使之低于畦床底层竹荪培养料,这样即使在香菇喷水时水分渗入畦床内,也会逐渐流入排水沟,不至于滞留在竹荪培养料内。

**2. 铺膜防水** 香菇菌筒下田排放形式按照常规进行,但在排放菇筒底部,行间应先垫 1 条 12～15 厘米宽的薄膜,刚好留 5～8 厘米的位置,作为畦床内竹荪菌丝的通气部位,以便供给氧气。另一种栽培方式是竹荪畦床用整块薄膜覆盖,只在畦床旁边的四周每间隔 1 米,用 15～20 厘米长的空心竹管,直插入畦床之内用于通气,促进竹荪菌丝正常发育。

**3. 喷水方式**　菌筒出菇喷水时,最好利用空间喷雾的方式,防止大量水分渗入畦床内,影响竹荪菌丝的正常休眠。

**4. 松土透气**　在翌年5月份香菇采收结束后,应及时处理畦床上面的残留物,同时进行1次畦床松土透气。畦床最好更换新鲜覆土,若发现覆土表面有部分竹荪菌丝萌发,应采取畦沟灌水催蕾,使竹荪菌蕾发生快而整齐,提高产量。同时,出荪季节紧凑有利于与生产香菇衔接。

**5. 控制温度**　夏季气温超过30℃时,要加厚荫棚遮盖物,不盖薄膜,并把覆土去掉一部分,使部分竹荪培养料裸露,再在畦床上面铺一层竹叶或树叶等,防止直接喷水造成覆土结块,影响透气和保湿。

# 九、香菇、黑木耳、竹荪、猴头菇组合栽培

野外菇棚露地栽培香菇,按常规为秋季接种菌袋,培养2个月后至11月份进棚脱袋排场出菇,直至翌年清明前后采收结束。因此野外畦床由4月中下旬开始至10月份为休闲期,利用这6个月的间歇期,安排栽培黑木耳、竹荪和猴头菇,形成多种菌类间套栽培,充分发挥菇棚和畦床作用,提高栽培经济效益。其操作方法如下。

## (一)品种布局

香菇畦床间歇期周年多菌菇组合栽培布局见表6-1。

表6-1　香菇畦床多种菇、耳周年栽培布局

| 品　　种 | 黑木耳 | 竹荪 | 猴头菇 | 香　菇 |
|---|---|---|---|---|
| 长菇月份 | 4～5 | 6～9 | 10 | 11～4 |
| 所需天数 | 40～45 | 90～100 | 35～40 | 150～170 |

**(二)茬口安排**

**1. 竹荪**　应在2～3月份播种于香菇棚内的畦床上,发菌培养50天左右出菇。

**2. 黑木耳**　应于2月下旬接种菌袋,经室内培养40～45天,至4月上旬生理成熟,搬到野外菇棚内,摆于畦床上,开口诱耳生长50天出菇。黑木耳采收结束,正值竹荪抽柄撒裙的6～9月间。

**3. 猴头菇**　菌袋接种应于9月下旬进行,经室内发菌培养30天菌丝生理成熟,于10月份搬入菇棚内摆放于香菇畦床上排筒,1个月后采收结束。

**4. 香菇**　应于8月中旬制作菌袋,室内培养2个月生理成熟,进入11月份香菇菌袋进棚脱袋排场,直至翌年4月前采收结束。

**(三)配套品种**

**1. 黑木耳**　选中温偏高型菌株,如黑龙江2号(AB)、林富1号,出耳温度15℃～28℃。

**2. 竹荪**　应选择高温型棘托长裙竹荪,如D-古优1号、GD-710、D-89,出菇温度25℃～35℃,产菇均在6～9月间。

**3. 猴头菇**　应选用大球H-1号、常山99,出菇温度

10℃～25℃。

**4. 香菇** 品种必须根据海拔高低,因地制宜选择配套的菌株。南方地区海拔在 300 米以上,600 米以下的地区,应选择中温偏低型菌株,如 L-087、农 7、L-856、Cr-02、Cr-066、Cr-62,出菇温度 8℃～23℃,其子实体在 4 月底基本上采收结束。

### (四)田间管理

同用一棚,同排一床,但由于出菇时间前后和种性有异,在田间管理上必须互相兼顾,以免顾此失彼。

**1. 竹荪** 播种覆土后在畦床上覆盖地膜,防止因黑木耳喷水过湿,引起竹荪菌丝霉烂;同时在畦床四周每隔 1 米用 15～30 厘米的空心管,直接插入畦床内,供给氧气,促进菌丝正常生长。

**2. 黑木耳** 菌袋于"清明"前后搬进棚内畦床,开口诱耳,生长子实体(彩 41)。菇棚内温度不超过 30℃,空气相对湿度 85%～90%,至 5 月下旬采收结束。此时,竹荪菌球开始抽柄撒裙,长菇期温度要求不低于 25℃,不超过 35℃,空气相对湿度 90%～95%。9 月底竹荪采收结束时,进行畦床清理去除残留物,并喷洒石灰溶液消毒。

**3. 猴头菇** 菌袋 10 月份进棚排场,带袋出菇。菌袋可仿照香菇露地立筒摆放法,也可将菌袋平放于摆筒架上,形成平面菌床(彩 42)。猴头菇出菇期要防止棚内温度超过 25℃,空气相对湿度在 85% 左右,35～40 天采收结束后,正值香菇秋栽菌袋进棚摆场,管理按常规。

## 十、香菇、鸡腿蘑和草菇培养料连续栽培

食用菌组合栽培不断向纵深发展,尤其是北方各地,充分利用塑料大棚、日光温室、半地下菇房等保护设施,根据不同菇类所需的培养养分和生长发育环境条件,种性温型特征和生产季节的差异,巧妙地衔接安排先后栽培,有效地提高栽培场所和原料的连续再利用,形成周年生产,达到高效益目的。

### (一)产季衔接

**1. 香菇秋栽** 菌袋处暑过后,即 8 月下旬至 9 月中旬接种、室内发菌培养,11 月份进棚脱袋排场转色,秋、冬长菇,至翌年清明前采收结束。

**2. 鸡腿蘑春栽** 4 月上旬堆料,利用香菇收成后的废筒(称菌糠),添加部分新料进行堆料发酵,作为培养料,播种发菌培养,4~6 月份出菇,夏至前采收结束。

**3. 草菇夏栽** 利用鸡腿蘑收成后的废料,添加部分新培养料,7 月上旬接种,接种后 15 天出菇,至 9 月份采收成菇。

### (二)培养料处理

**1. 香菇培养料配方** 杂木屑 50%,棉籽壳 25%,玉米粉 2%,麦麸 20%,碳酸钙 1%,蔗糖 1%,石膏粉 1%,含水量 60%左右,pH 值 5.8~6.2。装袋灭菌按常规。

**2. 鸡腿蘑培养料配方** 香菇废筒 45%,棉籽壳 35%,干鸡粪或干牛粪 10%,玉米粉 4%,石灰 4%,石膏粉 2%。

先将香菇废筒打散晒干加水 40%,含水量 65%,拌匀后集堆发酵至料温达 60℃,保持 10 小时,发酵结束后摊晾,排

除废气备用。

**3. 草菇培养料配方**　鸡腿蘑废料 50％,废棉渣 25％,稻麦秆或玉米秆 20％,麦麸 5％。鸡腿蘑废料集中晒干,加入废棉渣和秸秆料,集堆发酵,料堆中心温度达 60℃～70℃,保持 10 小时后翻堆,堆制时间约 5 天,其间要翻堆 3 次。

### (三)菌种选择

香菇选用中温偏低型菌株,如 Cr-62、L-087、L-856、9018、Cr-02。菌龄 60 天左右,出菇中心温度 8℃～25℃。

鸡腿蘑选用中温型菌株,如 Cc-985、Cc-944、巨腿 526,发菌培养 30 天,出菇中心温度 12℃～23℃。

草菇选用高温型,如 V5、V8、V23、V131 等菌株,培养 15 天,适温范围 24℃～35℃。

### (四)接种发菌

香菇菌袋用 15 厘米×55 厘米的塑料薄膜栽培袋,每袋打 3～4 个接种穴,在无菌条件下接入菌种,穴口不贴封。置于培养室内发菌培养至生理成熟,采取露地立筒摆放栽培。

鸡腿蘑发酵料铺放置于地面畦床上,料厚 15 厘米,分 3 层料 2 层菌种,点播、撒播均可,菌种用量为干料量的 15％。播种后压平料面,20 天后菌丝长满畦床料面,此时覆土 3 厘米,支拱架盖膜保温、保湿。

草菇发酵料畦床栽培,将料铺成波浪形的料垄,料垄厚 10～15 厘米,表面撒播菌种,木板轻压,使菌种与料密合,并盖膜发菌培养。

### (五)出菇管理

由于"三菇"种性和温型及产季不同,出菇管理应严格按照种性特征进行管理。

香菇脱袋后向菌筒喷水,促进转色,并采取温差刺激催蕾。出菇期温度不低于 5℃,不超过 25℃,空气相对湿度 80％～95％,当年长秋、冬菇,翌年长春菇,清明前采收结束。

鸡腿蘑覆土 3 天后揭开畦床,搭小拱棚盖上塑料薄膜,畦面喷水,菇棚内空气相对湿度掌握 90％左右,棚上加盖草帘遮阳。经 10～15 天管理,在料面出现大量菌索,逐步形成原基,再经7～8天子实体逐步发育长大,每平方米可产 6～18 千克。

草菇菇蕾形成与菇体发育期,料温保持在 30℃～35℃,棚内温度 28℃～32℃,使菇体正常生长。出菇正处于高温期,注意遮阳和通风。设有微喷装备的,中午棚外喷水降温,棚内空气相对湿度以 90％为宜。喷出的水温比气温不能低于 4℃,以防水过凉,使料温下降,引起幼菇死亡。

## 十一、白灵菇、鸡腿蘑和香菇配套栽培

白灵菇是近年来新兴的珍稀菇菌,市场价格高,每年寒冬产菇,春末结束,留下的废筒扔于菇棚内,污染环境;而菇棚场地 3 季休闲。利用白灵菇的废筒经过处理用于栽培鸡腿蘑,采收 1 季后其场地可用于反季节夏栽香菇,此种模式 667 平方米(1 亩)地投料 12 000 千克,可收白灵菇 6 500 千克,产值 3.8 万元;鸡腿蘑投料 5 000 千克,产菇 6 000 千克,产值 2 万元;香菇反季节夏栽 4 500 袋,产菇 3 600 千克,产值 2.2 万

元,"三菇"总产值达 8 万元,除成本 4 万元之外,可获利 4 万元,使棚地和培养料连续利用,达到高效产菇的目的。具体操作方法如下。

### (一)菇棚设施

以白灵菇栽培的菇棚作为主体,北方可采用塑料大棚或半地下菇棚、日光温室等保护设施,豫南和鄂北地区常用蔬菜棚或砖结构的温棚。选择靠近水源坐西朝东或坐北朝南场地均可。菇棚由无滴膜、地膜、遮阳网、草帘、竹子、砖等构筑而成。

### (二)茬口安排

此种模式适应区域为长江以北、北方地区及南方靠北的山区。

白灵菇菌袋制作应于 8 月下旬至 9 月下旬结束,室内发菌培养 2～3 个月后,进棚码垛(彩 43),12 月下旬至翌年 3 月底出菇结束。

鸡腿蘑利用种过白灵菇的旧料,添加部分新料做培养料。4 月棚内畦床铺料,收 1 季,5 月底结束,其旧料铺于畦床上做肥土。

香菇菌袋制作 3 月开始,发菌培养 60～70 天,5 月下旬进棚脱袋埋筒覆土,6～10 月长菇,10 月底结束。

### (三)配套菌株

白灵菇选用掌状品系,常见有吉灵 2 号、沂寿 3 号、农大白灵等菌株,其菌龄 90～100 天,出菇中心温度 5℃～20℃。

鸡腿蘑选用 Cc-168、Cc-985、大鸡 03、巨腿 526、鸡腿 3 号

等中温偏高型菌株,出菇中心温度 8℃~28℃。

香菇选用中温偏高型和高温型,夏季出菇的菌株,如 Cr-04、Cr-20、武香 1 号、L-26、8001、931 等,菌龄 50~70 天,出菇中心温度 10℃~28℃,最大耐受温度 34℃。

**(四)菌袋制作**

**1. 白灵菇培养料配方** 棉籽壳 78%、麦麸 15%、玉米粉 3%、石灰 2%、食糖 1%、过磷酸钙 1%,料水比例 1∶1.2,含水量 60%~65%。拌料→装袋→灭菌→接种按常规。也可以采取先发酵 7 天,其间翻堆 3 次,然后装袋→灭菌→接种。菌袋规格 17 厘米×33~35 厘米,厚度 0.4 毫米,每袋装湿料 1 千克左右,两头接种后扎口。

**2. 鸡腿蘑培养料配方** 将栽过白灵菇的废料破袋取出,加入 50%棉籽壳,预湿后混合拌匀,就地集堆,发酵 3~4 天,翻堆 2 次,培养料含水量 65%;然后铺放于畦床上,料层厚 15 厘米,分 3 层料 2 层菌种,播种后压平、覆土 3 厘米。

**3. 香菇培养料配方** 杂木屑 79%、麦麸 18%、石膏粉 1%、蔗糖 1.5%、硫酸镁 0.2%、磷酸二氢钾 0.2%、活性炭 0.1%、草木灰适量,含水量 60%。菌袋生产工艺参考香菇反季节栽培相关部分。

**(五)出菇管理**

白灵菇菌丝生理成熟后,于 11 月下旬进棚码垛,先将袋膜割除 2/3,把脱袋一端相对垒砌成双排菌墙,逐层填充营养土。菌筒一端露出墙面 1.5~2 厘米,袋与袋之间相距 10 厘米左右,菌墙垒砌 7~8 层高,下大上小,顶部用泥土封围成 10 厘米深的保水槽。白灵菇码垛后,棚内温度不超过 13℃,

夜间掀草帘,白天盖膜,人为制造 8℃～18℃的温差,刺激 3～4 天,诱发菌蕾。现蕾后以 0℃～13℃低温蹲蕾 8～10 天,注意通风口的开启和关闭,使棚内空气新鲜。出菇后每袋保留 2～3 朵,其他疏除。长菇期一般不需喷水,空气干燥时空间喷雾化水,空气相对湿度 85%～95%,一般现蕾后 15 天可采收。白灵菇通常只采 1 潮菇,管理得当也可产 2 潮,于 4 月上旬生产结束。

鸡腿蘑畦床覆土长菇管理可参考"香菇、鸡腿蘑、草菇栽培"的方法。

香菇出菇管理可参考香菇反季节埋筒覆土栽培长菇管理技术。

# 十二、北方香菇四季生产

随着"南菇北移"的发展,我国香菇生产区域扩展到华北、西北和东北各地,迅速形成规模化生产,并一跃成为北方食用菌栽培中的一个主栽品种。北方昼夜温差大,气候干燥,在人工调控下,更易形成湿差,有利于四季培育出优质香菇。河北省遵化市研究的"北方日光温室香菇四季栽培技术规范",经河北省技术监督局审定为河北省地方标准,并推向黄河以北 5 个省、自治区、直辖市。以下介绍北方日光温室四季产菇技术。

## (一)日光温室结构

北方春、夏、秋有利于长菇,冬季寒冷,靠自然气温长菇难度大,需采用日光温室,又称塑料温室栽培香菇,实现四季长菇的理想效果。这里介绍一种节能型塑料温室,见图 6-2。

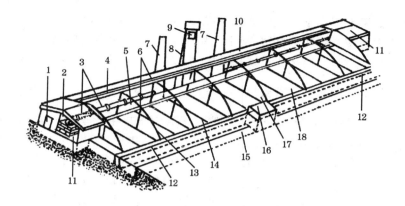

**图6-2 节能塑料温室结构示意图**

**（引自王柏松、梁枝荣、江日仁）**

1. 门　2. 地灶　3. 烟道　4. 草帘　5. 通道　6. 立柱

7. 烟囱　8. 排气管　9. 换气扇　10. 泥灰屋顶　11. 地灶与值班室

12. 进风口　13. 钢架　14. 操作道　15. 进风道　16. 进风口

17. 菇室及塑料膜　18. 菇畦

经调查，北方这样的塑料温室，在不加温条件下，最冷的1月份室温最低在5℃以上，白天塑料温室最高室温可达15℃～17℃，日平均温度11℃～13℃，如果加温，室温容易满足香菇发菌和出菇要求。夏季因温室顶上遮荫，白天室内最高温度24℃～25℃，比室外温度低4℃～5℃，夜间室温为15℃～20℃，与室外温度持平，室内日平均温度19℃～22℃，适宜中高温型香菇子实体生长。

河北省遵化市四季栽培香菇的日光温室，采用冀优Ⅰ型、冀优Ⅱ型日光温室技术指标建棚：即坐北面南、偏北5°，宽高比为2.4∶1，大于60厘米厚空心后墙；上盖无滴防老化塑料膜，加盖大于4千克/平方米稻草帘。遮阳棚采用竹竿、硬木做立柱，横杆或粗铁条搭架，上盖芦苇帘或专用遮阳网，棚内遮阳率不小于 90%。收完冬菇的温室,于 4 月底清棚消毒,去掉塑料膜和稻草帘,换上苇帘或遮阳网。棚内设施采用单层、双层、三层架或土墙式设施。

### (二)生产季节安排

北方四季栽培香菇,关键在于科学安排生产季节。适应区域为北纬 36°～40°的黄河以北的陕西、山西、河北、北京、天津周围县、区,其昼夜温差 10℃的时间有 10 个月左右;夏季高温期仅有 40 天(7 月上旬至 8 月中旬);-15℃低温 1 个半月(12 月中旬至 1 月底)。四季栽培香菇的季节安排见表 6-2。

表 6-2　北方四季栽培香菇季节安排

| 季 节 | 制袋接种期 | 产 菇 期 | 配套菌株温型 |
|---|---|---|---|
| 早 春 | 3 月初 | 5 月中旬至 10 月中旬 | 中高温型、菌龄 70～80 天 |
| 夏 季 | 4 月中旬(菌袋度夏) | 9 月上旬至翌年 5 月底 | 低温型、菌龄 130～150 天 |
| 秋 季 | 8 月中旬 | 10 月上旬至翌年 5 月底 | 中偏低型、菌龄 60 天左右 |
| 冬 季 | 10 月下旬(菌袋越冬) | 翌年 4 月下旬至 10 月 | 中高温型、菌龄 70～80 天 |

菌种生产应按照上述制袋月份,提前 80 天开始制作原种和栽培种,确保菌种适龄,用于大面积生产接种栽培袋。

### (三)培养基配制

栽培袋根据产区和栽培方式,通常采用 3 种不同规格:15 厘米×55 厘米、17 厘米×55 厘米、22 厘米×55 厘米。薄膜厚度以 0.4~0.5 毫米的高密度低压聚乙烯袋为适;高压聚丙烯质脆,遇寒易破裂,不适于北方作栽培袋。

栽培原料因地制宜选择杂木屑、棉籽壳、棉秆、高粱秆、高粱糠、葵花秆、葵花籽壳等。培养基配方参照常规,选择取用。北方气候干燥,配料要充分混合,含水量在 60%。拌匀后用手抓起紧握 3~5 下,听有水声,观手指缝有水滴下为宜。高温期配料水分需略少些,低温期配料可多些。拌料后闷堆 30 分钟以上进行装袋。采用套袋法,机械装袋,扎口后即套上大于内袋 2 厘米的超薄型袋,然后进灶灭菌。

### (四)接种养菌

四季栽菇应根据生产季节,选择适合温型的菌株。

**1. 秋、冬、春产菇** 应选择中低温型的菌株,如 Cr-62、Cr-66、L-856、L-087、农 7、遵化 09、05、2 号等。接种养菌 2 个月后长菇。在 4 月中旬至 5 月份制袋的,应选用 241-4、139、939 等低温型、长菌龄的菌株,接种后菌袋度夏养菌、菌龄 3~4 个月,9 月上旬开始长菇。

**2. 春、夏、秋产菇** 选用中温偏高型的菌株,如 Cr-04、Cr-20、L-26、广香 47、武香 1 号、遵化 1 号、3 号、36 号等,培养菌龄 60~80 天。

菌袋培养的适温为 23℃~26℃,不超过 30℃。接种 1 周后检查杂菌及袋口吃料情况,当菌丝吃料达 6 厘米以上时解开外套袋,拧口通气;菌丝生长达 8 厘米以上时,脱掉外套袋给氧；菌丝长至袋内 50％以上时，用铁钉扎孔通小气；菌袋出现瘤状突起物时，用小刀划口通大气，刺激原基形成和转色。发菌期间人工调控温度与湿度。低温时采用引光增温、内罩黑色塑料膜，或炉火加温、土炕增温等方法，保持室温 16℃以上为宜；高温期采用全遮阳、大通风，通风孔距地面不高于 30厘米。也可采用地下室、山洞等气温稍低的地方进行发菌培养，避免高温危害菌丝。

### （五）出菇管理

**1. 菌筒转色**　　如若采取脱袋转色出菇，其菌袋脱袋标准为已转色面积不小于 70％，脱袋时，挖掉接种穴的原菌种块，使菌丝恢复生长；棚温超过 20℃时需不定时通风，以保持棚内空气清新和不感闷气为度。发现杂菌污染的，可用克霉灵涂抹患处，以湿透为宜。气温超过 25℃时，采取多喷水降低棚温，多通风保持空气新鲜。菌筒转色管理可参照露地立筒栽培方法。

**2. 低温期出菇管理**　　北方周年生产香菇，秋栽一般都在10 月下旬或 12 月份开始出菇，此时气温低，空气干燥，多为带袋出菇。其催蕾采取菌袋地面竖立，经 5 天左右幼蕾从薄膜划口处伸出。白天气温低于 10℃、棚温都在 10℃～20℃，中低温型菌株一般都能正常出菇。根据天气和棚内实际温度情况，调整草帘揭开比例。温度低时草帘全揭开引光增温；偏高时揭一留一，揭二留二，揭放草帘时间以太阳照到大棚 1 小时起，至太阳落山前 1 小时。棚温达不到子实体生长需要时，可使用蒸汽炉通入蒸汽增温、保湿。

**3. 高温期出菇管理**　　华北、西北地区夏季气温虽比南方低些，但在三伏天高温期，外界自然温度往往超过高温香菇菌株的耐受极限。因此,北方四季产区,在夏季高温期管理上必须采取相应措施降温。如增加通风次数,遮阳物率大于90%,多次棚顶、地面喷水降温。及时除治杂菌、病虫害。每潮菇产前喷淋健壮生长素,提高抗杂菌能力。也可以采取菇筒平行卧排覆土,借助土壤降温,促进夏季顺利长菇。

**4. 再生菇管理** 香菇生长期一般 180 天,分 5～6 潮现蕾。每潮出菇结束后停水 1 周,当菌筒凹眼处长出浓白的菌丝后,再行补水处理。出完第三潮菇后,菌筒营养明显不足,可喷洒适量香菇增产素,如菇得力、菇必丰等补助营养剂,促进提高产量和品质。

# 十三、南方香菇四季生产

北方自然气候独特,有利于香菇四季生长。而南方低海拔地区夏季气温高,反季节栽培又不适应,除了常规栽培秋、冬、春产菇外,夏季则断档。低海拔地区应该采取什么方式才能做到四季长菇,浙江农业大学食用菌研究所研究了一种香菇连作法,与常规秋栽相配套,实现了南方夏季高温期正常出菇,形成了四季长菇。具体措施如下。

## (一)改善环境

连作的菇棚采用"人"字形连幢式大棚,其空间大有利于隔热、散热。围护材料为茅草,遮阳与隔热能力强,棚顶加厚遮盖物避光照,"一阳九阴"即可。棚两侧分别建门及通风窗,地面做畦开沟。这种菇棚内的温度可比自然气温低 3℃～4℃,且保湿性好,增湿后相对湿度从 90% 降至 80% 的时间,可保持 2 小时左右。

同时设置雾灌增湿系统,由水源、增压过滤控制装置、配水系统及微喷头等组成。要求水源清洁度高,设置调压阀,配水系统有输水支管与毛管。毛管采用半软塑料管,悬挂于菇架上方。毛管上安装微喷头,针对畦面布置微喷头位置。

### (二)菌株选配

菌株选择分为两类:一是春季栽培,夏季高温期长菇的菌株,应以 ZL-01、广香 47、8500、8001 等高温型菌株为好,其抗逆力强,出菇中心温度 20℃～30℃;二是常规秋季栽培,选用中偏低温型菌株,如 Cr-02、L-087、L-856、Cr-62、Cr-66 等。形成"一高一低,一春一秋",出菇配合。

### (三)制袋期衔接

菌袋制作工艺流程按常规进行。在高温期培养基含水量宜偏低些,以不超 55％为宜。接种期分别安排在 3 月份与 8 月下旬进行。高温菌株安排在 3 月份接种,4～5 月份发菌,6～11 月份长菇;中偏低温型菌株,秋季 9 月中旬接种,10～11 月份发菌,12 月份长菇,直至翌年 5 月份结束。这样可互相衔接,菇源不断。

### (四)出菇管理

菌袋发菌 2 个月后,进入野外脱袋排场,喷水转色。高温型菌株不需较大的温差刺激,任凭自然温差即可促使原基分化菇蕾。夏季气温高,出菇期主要是防高温,除荫棚遮盖物加厚,避免强光入棚外,发挥雾灌系统的作用,在供水压力下,通过微喷头使喷出的水形成细雾,在空气中飘移时间长,达到降温、增湿的目的。气温在 35℃～38℃时,喷雾后棚内温度可降至 28℃～31℃,地表温度降至 25℃～29℃。喷雾后水分的气化散热,平均降温可达 4℃～8℃,基本上能满足香菇生长对温、湿度的要求。但喷水要有节制,既保持一定的水分,又不至终日过分潮湿。长菇后菌筒减轻时,应及时浸水。但补水不宜过量,否则造成高湿、高温易引起杂菌孳生,菌筒解体。

# 第七章　节能降耗，谋取管理效益

香菇生产效益取决于"一种、二料、三管理"。"管理出效益"这已成为近代香菇生产进入科学管理的一个重要环节。同一地区生态条件，同一生产工艺流程，同一管理内容，由于管理好坏，其经济效益差距很大。因此，越来越多的菇农认识到："广种薄收"不如"少种巧管，增产增收"这个道理。

## 一、管理上常见误区

### (一)制袋技术不到位，污染率高

随着香菇生产区域和规模不断扩大，加之秋栽香菇菌袋制作处于8～9月的杂菌盛发期，如果配料装袋、灭菌、接种技术稍有失误，就会造成批量菌袋污染。特别是有的菇区污染袋乱放，造成空气中孢子指数增加，致使菌袋污染率上升，有的高达30％～40％，菌袋成品率仅有60％，导致重新翻制。这既费工、增加成本，又耽误了栽培时间，已成为香菇生产管理中老大难问题。

### (二)菌袋越夏防高温不力，造成烧筒烂筒

春栽香菇的菌袋，其发菌期正处于夏季高温期，常遇到极高气温时段，来不及降温，必然引起"烧菌"，导致菌丝挫伤萎黄，甚至解体腐散。据报道，浙江省龙泉市2003年6月下旬遭遇50年罕见的高温、干旱，4 000万袋的菌袋发生烧菌腐

烂,菇农损失 3 200 万元。

### (三)管理疏忽,死蕾烂菇

冬季常因气温低于香菇菇蕾分化发育的温度和湿度,导致菇蕾萎缩或死亡;而烂菇常发生在反季节栽培夏季长菇期,也发生在秋、冬管理不善,导致子实体因生态条件不适或病虫害侵袭而霉烂;甚至对烂菇处理不及时,造成蔓延和霉烂,损失惨重。

### (四)生态失控,菇体畸形

畸形菇是指外观与色泽出现部分或全部变化的非正常香菇子实体。常见有柄无盖"蜡烛菇"、无盖无柄"荔枝菇"、菇盖凹陷"碗状菇"、菇盖周边波形及翘起的"波边菇"、菇柄肥大膨胀的"空心菇",以及菇柄细长弯曲的"软柄菇"等。畸形菇失去商品价值,又消耗菌袋养分,造成歉收。

### (五)新技术应用不积极

误认为种香菇非木料不可,对新的原料开发利用不积极,尤其是生料或半生料栽培技术尚未普及推广应用,这些都有碍于香菇生产向深度、广度的发展。

## 二、降低菌袋生产污染率

菌袋是长菇的物质基础,菌袋生产过程中被污染,造成成品率不高,成本加大,效益下降,这已成为生产管理上重要的关节。

## (一)污染的原因

导致菌袋污染的因素有诸多方面,操作失误是其主要原因。

**1. 基质酸败** 常因原料不好,木屑、麦麸结团、霉烂变质;有的因配料含水量过高,拌料、装袋时间拖长,为附着在原料中的细菌、真菌等孳生创造了条件,因而引起发酵酸败。

**2. 料袋破漏** 木屑粗条装袋时刺破料袋;袋头扎口不牢而漏气;灭菌卸袋检查不严,袋头纱线松脱未扎,气压膨胀破了袋又没贴封口胶带等,而引起杂菌侵染。

**3. 灭菌不彻底** 料袋排列不合理,蒸汽无法循环流动,受热不均匀或有死角;中途停火,掺冷水突然降温;灭菌时间没达标就卸袋等,都难以彻底灭菌。

**4. 菌种不纯** 菌种老化,接种前菌种又没做预处理,抗逆力弱,萌发率低,接种口容易被杂菌侵染;有的菌种本身带有杂菌。

**5. 接种室条件差** 接种室密封性不好,加之药物掺杂使假,有的失效;接种人员把杂菌带进无菌室内,接种后没有清场,没有通风换气,造成"病从口入"。

**6. 养菌场所环境条件差** 培养场所四周靠近厕所、畜禽舍和食品酿造的微生物发酵工厂;排袋场所简陋,空气不对流,二氧化碳浓度高;培养场地潮湿或受雨水淋浇;翻堆检杂中所拣出的污染袋又没有及时处理,到处乱扔,造成环境污染。

**7. 养菌管理不当** 菌袋培育期间气温较高,菌丝体自身代谢引起菌温上升,加上排袋叠堆过紧,袋温增高,上述"三温",致使菌丝受到损害,出现变黄、变红,严重的导致菌丝死亡,使菌袋松软发臭报废;有的因光线过强,袋内水分蒸发,袋料含水量下降。

**8. 检杂处理不彻底** 翻袋检杂马虎,虽已发现有杂菌斑点侵染或怀疑菌袋被虫鼠咬破,却处理不及时,以至蔓延。特别是接种穴口被杂菌侵染和被虫、鼠咬出破口,很快互相传播导致成批菌袋遭受污染。

**(二)预防的措施**

要消除污染源提高菌袋成品率,必须按照菌袋生产工艺流程和发菌培养规程操作,具体要求如下。

**1. 配料合理** 原辅料要求新鲜无霉烂变质,木屑置烈日下曝晒杀菌,对结团发霉的麦麸不宜使用。麦麸用量最多不超过 20%,培养基含水量保持在 60% 为度。

**2. 工序衔接紧密** 配料装袋量与灭菌灶的容量要相等同,进灶时间紧接,防止脱节延时,基料发酸。

**3. 灭菌限时** 制袋后到料袋进灶间隔时间不超 2 小时,灭菌灶点火到升温至 100℃不超过 4 小时,达 100℃后持续时间达 16～20 小时,老菇区 24 小时,中途不停火,不降温。

**4. 无菌操作** 防止"病从口入",严格执行无菌操作规程。要求"四消毒":即进袋前接种场所先消毒,料袋进房再消毒,工作人员身手消毒,菌种迅速通过酒精灯光焰消毒。接种提倡双套袋:即接种后的菌袋外再套一个塑料袋,或采用接种灵、克霉灵药液涂擦袋面;然后打穴接入香菇菌种,可有效防止袋面粘附的杂菌孢子趁打穴时入侵。

**5. 控制温、湿度** 菌袋培养期坚持"六必须":即室内外周围环境必须卫生,门窗必须遮阳避光,温度必须控制不超过30℃,空气相对湿度必须要低于 70%,叠袋必须合理,最高不超过 10 袋,通风必须适应气候变化的需要。

**6. 检查观察** 接种 5 天后翻堆检查,以后每 7 天 1 次,一旦发现污染,及时将染杂菌的菌袋搬离育菌现场,妥善处理。

# 三、防止花菇越夏烂筒

花菇生产中的一个难题是菌袋越夏烂筒,给栽培者带来惨重损失。

## (一)烂筒症状

烂筒一般于菌袋表面局部形成霉烂灶,而后扩大蔓延至筒内,菌筒受害初期菌丝死亡而消失,有黏性分泌物和灰色霉层。随着受害程度的加深,菌筒发黑、变软,由于腐烂和水样物增多,导致菌筒松散变形,发出臭味。轻度烂筒只是发生局部腐烂,受害严重的整筒报废。

## (二)烂筒原因

花菇菌袋接种期 1~4 月份,养菌期 5~8 月份,这期间气候炎热,高温、高湿,如培养室通风不好,光照太强,极易导致菇筒发生病害。同时在花菇生产的每一个环节如果管理方法不当,都易遭受杂菌及病原微生物侵染,而诱发烂筒。例如,菌室消毒、刺孔供氧、黄水过多的处理等把关不严,都会造成大面积感染杂菌。而不同菌株的烂筒率亦有差异。

## (三)预防措施

烂筒完全可以预防,主要把好七关。

**1. 菌种对路关**　　要选择抗高温型菌株,菌龄 35～45 天,菌丝洁白、生长健壮、抗逆力强的中温型菌株,如 939、9015 等较合适。

**2. 环境优化关**　　越夏菌袋放在阴凉、通风的土木结构泥瓦房内为适。若放在楼层上,菌袋在高温来临之前要及时搬到楼下;堆放高度 50～60 厘米,堆形以"三角形"或"六边形"为好,堆与堆之间留有通道;每天早晨 7 时 30 分之后至晚上20 时关闭门窗,遮阳降温,晚上 20 时之后至清晨 7 时 30 分之间打开门窗通风降温。室外荫棚越夏应搭建在四周有水的地方,棚顶遮阳网上加盖芦苇、稻草等遮阳物,四周 60 厘米以下部位用竹枝、木条做成栅栏,60 厘米上部位用遮阳物覆盖。当菌筒发满可排至荫棚内越夏,采用层架式堆放。一般堆放4～5 层,堆放菌筒的层架与荫棚四周距离大于 60 厘米,以防日晒,同时层架与层架之间留有足够的通道以利于通风、降温。

**3. 菌袋刺孔关**　　菌丝在袋内需要不断和外界环境进行气体交换,吸入氧体,排出二氧化碳,放出热量。因此,菌袋越夏期间要加强通风换气,保持空气新鲜。当菌丝走透,气温在25℃以下时,就应该有计划地进行分期分批刺孔供氧,保证花菇筒不受代谢升温影响。刺孔供氧应选择晴天早晚进行,闷热天气应加强通风。刺孔应在菌丝长满后,用放大气的方式进行。刺孔数量为 L-939 菌株菌袋刺孔 40～50 个,L-135 菌袋刺孔 50～60 个。菌袋含水量多的应多刺并刺深,反之就相对少而浅。放大气不宜太迟,太迟将会导致烂筒。放大气后每 3～5 天翻堆 1 次,连续 3 次,每次按不同方向排列,使菌筒色泽一致。

**4. 控温限湿关**　　菌袋越夏要求气温不超过 30℃。防止高温侵害措施是加厚遮荫物,疏袋、散热,减少堆码层数,注意通风。如果气候干燥、温度超高时,选择早晚棚外微量喷水降温,中午不宜喷水。培养室内要求干燥,切忌喷水,以免湿度急剧加大,造成高温、高湿,杂菌繁殖。高温期菇棚四周可开沟灌水,有利于降温。

**5. 黄水处理关**　菌袋转色前后会分泌黄水,逐渐积聚变多,黄水滞留处会发生霉烂,造成杂菌感染,影响秋季出菇。因此,发现黄水积聚时要及时刺小孔排掉,忌黄水滞留造成杂菌感染。刺孔时不要刺伤菌丝。

**6. 清理污染袋关**　越夏期间有些菌袋某些部位出现发黑的霉烂点,流出黑水,有臭味,或出现黄、红、绿杂菌污染,发现时应隔离,防止蔓延。

**7. 高温禁忌震动关**　菌袋转色后越夏菌丝已达生理成熟。立秋以后,白天气温仍较高,夜晚开始凉爽,昼夜温差变化大,此时严禁菌袋受到碰撞。若菌袋受到震动碰撞,会引起提早出菇。此时气温较高,菇体生长不良,商品价值低。

# 四、防止发生畸形菇

## (一)发生原因

畸形菇发生的原因,除了菌种低劣或被病毒感染外,人为造成的原因有以下五方面。

**1. 菌株不对路**　选用菌株不当,就易发生畸形菇。如海拔高的山区,秋栽时应选中低温型菌株,却误选用 Cr-04、武香 1 号、广香 47 等高温型菌株,冬季菇蕾一出现,遇低温便紧缩不长,形成"松果菇"。

**2. 养菌管理不当**　在菌丝体培育期间,如果室内光照过强,靠近窗口的菌袋原基提早形成,袋内菇蕾早现,受袋壁挤压无法正常伸展,因此脱袋后第一潮菇容易出现畸形。

**3. 脱袋转色不合标准**　有的菇农单依据菌龄长短来采取管理措施,而没有掌握菌丝成熟的条件,因此,脱袋脱色差,菇态变形。

**4. 菌筒浸水不适宜**　早熟品种一般长菇 2～3 潮后,菌筒含水率下降,需浸水补液。但有的菇农采用的是晚熟品种也跟着浸水,由于晚熟品种正处于形成原基时期,一遇水分刺激,促使原基提早分化,只长菌柄,成了"蜡烛菇"。

**5. 温湿度失控**　冬季气温低,畦床上薄膜覆盖不严,受寒风袭击,使正在生长的菇蕾萎缩干枯或变形;基质内含水量低,培养的菌丝不成熟,养分积累不足,菇体早衰;菇蕾期遇高温,导致菌肉薄,早开伞;空气相对湿度低于 70% 时出菇,菇柄柔软或空心。

(二)防止措施

防止畸形菇发生,必须做到"六要、六防止"。

**1. 引种要了解菌性,防止失误**　引种前先弄清菌种特性,因地制宜选用对路菌株,以此安排接种季节,推算预定的出菇时间。

**2. 菌丝成熟要达标,防止盲目脱袋**　脱袋过早菌丝未达到生理成熟,变异菇就多。菌丝生理成熟应掌握"一个菌龄、三条标准"。"一个菌龄"即从接种之日起,秋栽短菌龄菌株一般 60～70 天。"三条标准"即袋内瘤状突起的泡状菌丝,占整个袋面的 2/3;局部出现棕褐色;手握菌袋有松软弹性感时脱袋才适宜。

**3. 转色要把关,防止温度失控**　转色期间要注意气温变化,头 3 天在 25℃ 以内,畦床上的盖膜不必揭开通风。在正常情况下 12 天转色结束,3 天后出现第一潮菇。转色要求温度不低于 12℃,不高于 25℃。出菇最佳温度为 15℃ 左右。

**4. 变温催蕾要正确,防止温差刺激不够** 变温适当,出菇多、菇态好,无畸形菇。正确的变温方法是白天用薄膜盖住畦床,晚上 12 时后揭开薄膜 1 小时,使日夜温差 10℃ 以上,促进菇蕾大量发生。要求在转色后连续变温 3~4 天。

**5. 菌筒浸水要适量,防止水分过低过高** 菌筒含水量低于 40% 时,出菇难,小型菇多,一般以菌筒的重量比原来下降 30% 时即可进行浸水,吸水量以达到制袋时重量的 95% 就足够了。吸水过饱易造成菌丝呼吸困难,影响正常长菇。

**6. 二茬催菇要得法,防止偏湿偏干** 每采完 1 潮菇后,畦床必须揭膜通风 6~7 天,使菌丝吸收充足的氧气,以恢复生长能力,然后转入喷水保湿,干湿交替,催促下 1 潮菇蕾发生。

# 五、避免寒冬萎蕾死菇

幼蕾对外界适应性差,如果管理不当,就会发生菇蕾死亡。防止幼蕾死亡的措施主要做好"五控制,五防止"。

## (一)控制温度,防止冻死

幼蕾生长最适温度是 8℃～16℃,秋栽香菇头潮出菇期在 11 月底至 12 月份,此时已进入冬季,寒流多。当气温降到 5℃ 以下并持续几天时,就会把幼蕾冻死,表现菇蕾发软。因此,冬季幼蕾发生后,要注意天气预报,以防止冻死幼蕾,遇 5℃ 以下天气时,采取火道加温。

## (二)控制湿度,防止干死

冬季气候干燥,除雨、雾、雪天外,一般空气相对湿度在40%左右。这样的环境条件幼蕾易干死。防止幼蕾干死,就要提高空气相对湿度80%~90%,可以通过向菇棚内地面洒水,或将水蒸气通入菇棚内,来提高空气湿度。

## (三)控制通风,防止枯死

幼蕾生长需要新鲜空气,但幼蕾呼吸量不大,消耗氧气不多。因此,幼蕾期通风次数要少,尤其不能长期揭去棚膜让风直吹幼蕾,以免菇体表面水分蒸发过快,袋内培养料中菌丝的水分输送跟不上,造成菇体失水时间过长、过多而枯死。防止方法是在幼蕾生长期盖好棚膜,需要通风时可在无风天气短时间揭膜通风,并及时盖膜保湿。

## (四)控制气害,防止中毒死

冬季气温常低于幼蕾生长温度下限。栽培者往往将煤球炉放在菇棚内升温,其燃烧产生的有害气体排在棚内,易造成幼蕾二氧化碳、二氧化硫和一氧化碳中毒而死亡。熏死的幼菇菌盖呈红褐色,有光泽,变干不长。防止措施是,在菇棚内加温时,要采取火道加温,通过烟囱把废气排出菇棚外;棚内要定期通风,排除有害气体。

## (五)控制温度,防止烤死

催花时加温造成棚温过高,往往将整批幼菇烤死。菇蕾生长的最高温度为20℃,催花时温度不宜升得太高,且时间要短。同时加强排湿,打开菇棚一端的门,同时把另一端上边的薄膜开一条缝,有利于通风排湿。

幼蕾发生死亡的五种现象,有些是互相联系的。因此,在管理中要调控好温、光、湿、气等环境因素,使幼蕾健壮生长。

# 六、北方生料地栽香菇

"南菇北移"后,生料栽培香菇技术首先在东北突破,黑龙江省牡丹江市东三食用菌研究所研究成功创立了"生料地栽香菇方法",此法获得中国发明专利。此项技术已在东北各地推广。笔者曾于 1997 年秋赴黑龙江省大庆石化总厂的食用菌场,考察生料床栽培香菇现场(彩 10)。北方冬季严寒,杂菌虫害发病率低,生料栽培具有优势。其具体技术如下。

## (一)选地建床

利用蔬菜大棚或田野、草原、林地、果园等地作为菇场。场地要求向阳避风,稍有坡度,地面平坦,排水方便,不积水;土壤透气性好,保湿性强,土质 pH 值 4~7。菇床应坐北朝南,挖深 10~15 厘米、宽 60~90 厘米,长度一般以 10 米为佳,便于管理。两床之间设 50 厘米的作业道。床面整成龟背形,四周挖好排水沟,畦床利用阳光紫外线杀菌。栽培前床面撒施石灰粉杀灭害虫及杂菌。

## (二)培养料配制

选择新鲜干净无霉烂的阔叶树木屑为好,辅料类的麦麸、玉米粉必须无霉变、无虫蛀,石膏粉和石灰粉要求干净,不结块。生料培养基配方为杂木屑 100 千克,麦麸 10 千克,玉米粉 3 千克,石膏粉 1 千克,石灰粉 1 千克,添加剂 1 包(添加剂由生长激素、维生素、微量元素、高效肥、杀菌剂等组成混合型剂），加清水 120 升，含水量大于 60％。生料混合配制后，覆盖塑料薄膜保温发酵 48 小时，堆温可达 60℃～70℃，以后每天翻堆 1 次，连翻 3～4 次，发酵 4～7 天，经检查如果料中已出现白色放射线菌时即可使用。

### (三)菌床制作

生料地栽的香菇菌株，必须具有抗逆力好，对杂菌和病虫害抵抗能力强；且菌丝能分泌较强的胞外酶，能分解吸收生料中的营养成分。在东北各地常用的菌株有，黑龙江 8911、9110、吉林 9109、辽宁林土 04、辽香 08、辽 04、新 01、126、931、313 等，这些菌株均适合生料地栽。播种应在当地气温 5℃～15℃之间，地面解冻，表土疏松干燥为宜。东北地区以 3 月中下旬至 4 月底为最佳。播种期华北、西北地区，可掌握上述气温范围内提前 10～20 天播种。采用层播、穴播或混播 3 种方式。黑龙江省多采用层播，以 2 层料、2 层菌种，将拌匀的料铺在畦床上整平，料厚 5 厘米左右。菌种掰成蚕豆大小菌块，均匀撒在培养料上，每平方米第一层菌种 4～5 瓶（袋），把料面封严，并压平实。播种后料面铺放稻草，也可以在料面铺放 1 层经阳光晒过的旧报纸，作为盖面透气。然后盖上地膜，再覆土 2～3 厘米。同时作业道中间开一条排水沟，以利于灌水，畦床上面加盖草帘遮阳，以保持"三阳七阴"为适。

### (四)发菌培养

生料菌床栽培香菇，一般在早春播种，经 45～60 天培养，菌丝长透培养料。发菌期管理工作，主要是揭开或覆盖沟畦床上的草帘，来调节菌床温度，使其保持在 10℃～15℃。早春播种后温度较低,菌丝生长慢,可在晴天揭开草帘,让阳光照晒增加料温,晚上再覆盖保温。播种后的 2～3 天内,当料温上升到 20℃以上时,要揭开草帘并掀起两侧薄膜,通风散热降温。经过 30 天左右的发菌培养,菌丝已布满料面,透入培养料的一半左右时,掀动料面上的盖膜,掀起薄膜后再放下,四边必须盖严。若发现培养料偏干,可向畦边上喷水提高湿度。若料面菌丝徒长,培养料偏湿,可适当延长掀膜时间。

## (五)菌床转色

一般 3 月份播种,到 5 月份菌丝就已发透,并达到生理成熟。此时便可揭去料面报纸和薄膜。温度保持在18℃～23℃,若超过 26℃,可加厚草帘遮荫,并于中午将棚架薄膜两头打开降温。经 5～6 天管理,畦面菌丝长成浓白茸毛状。7天后每天早晚各掀薄膜通风 1 次,每次 10～20 分钟,以加大干湿差,促使菌丝倒伏。如菌床表面干燥,可轻喷水促使床面转色。转色期最好维持 20℃～22℃,低于 18℃时可以减少通风次数,甚至不通风。生料地栽养菌时间 50～60 天,进入转色出菇阶段。此时应掀开盖膜,用手拍击料面,发出"嘭嘭"响声,菌床面上出现瘤状突起的菌丝,说明菌丝已到生理成熟期。当菌床表层局部原基分化,出现报信菇时,每天必须揭膜通风给氧 1 次,时间 20～30 分钟,并给予散射光照,温度掌握在 15℃～25℃之间,适量喷洒雾化水,空气相对湿度保持在80％～85％。菌丝逐步由白色转为粉红色,再转为棕褐色,最后在床面形成一层树皮状的褐色菌膜,即为转色结束。通常在菌丝走到底后,需再培养 20～25 天,转色才能结束。

### (六)出菇管理

**1. 夏菇管理** 夏季气温不超过 25℃ 的地区,菌床照常可以出菇。这是菌丝长透培养料后的首潮菇。此时菌丝健壮,菌床含水量适宜,能满足原基发生后菌蕾的发育和子实体的长大。管理要点是防止高温,7 月份有时气温高达 30℃ 以上,必须采取加盖厚草帘或搭荫棚,防止阳光直晒菌床;清晨或夜间气温低时揭开薄膜通风,中午把沟畦两头或两旁的棚架塑膜揭开通风;用水温低的井水或泉水喷于畦边和栽培场地降低温度。每天或隔天喷水 1 次,保持棚内空气相对湿度 85%～90%。菌床表面少喷水,防止积水,引起菇柄变黄和菇蕾死亡。闷热天菇床两侧薄膜要揭开,促使空气流通。雷雨期间及时覆盖好薄膜,防止雨淋。

**2. 秋菇管理** 生料地栽香菇盛产期为 8～9 月份,若温度一直处于 20℃ 以上时,原基不易形成子实体,且消耗养分较大,影响产量。遇到这种情况,可在晚上或凌晨揭开盖膜通风散热,使菇床温度下降。出菇期空气相对湿度以 90% 左右为宜。注意通风,避免湿度偏高引起菌丝霉烂,杂菌孳生。第一潮菇采完后,必须停止喷水,并揭膜通风 8～12 小时,降低菇床湿度,使菌床干燥,菌丝充分休息复壮 7 天左右,以利于积累丰富营养,为第二潮长菇打下基础。通过进行 3～4 天干湿交替,冷热刺激后,第二潮子实体迅速形成。

### (七)越冬保护

北方冬季严寒,当气温下降至零度时,子实体停止生长,此时可将菌床表面清理干净。在结冻前,喷 1 次封冻水,然后盖上地膜,覆土 2 厘米或盖上草帘。至春季气温上升至 10℃

以上时,把越冬覆盖物清除,并在晴天中午给菌床喷水,让菌膜表层湿润,促使菌床迅速出现原基,并分化成菇蕾。一般10天左右可采2潮春菇,春菇每平方米可收2.5~4千克。

# 七、南方生料袋栽香菇

南方气温高,熟料栽培中还常遭杂菌污染,影响菌袋成品率。因此,生料栽培难度就更大。福建南平市农科所经多年的探索与研究,袋装生料栽培香菇获得成功。2004年,该项成果经福建省科技厅鉴定,达到国内先进水平。其成果是采用生料灵杀灭袋料中的杂菌,以15厘米×55厘米的塑料袋栽培,通过中试证明成本降低19%,每1000袋节省薪柴250千克,菌袋成品率达98%以上,生物转化率达80.34%。为南方生料栽培香菇开创了一条新路子。

南方生料袋栽香菇的具体措施如下。

## (一)生料配制

用于生料栽培香菇的原材料,要求新鲜、无霉变。培养料配方为杂木屑78%、麦麸20%、石膏1%、蔗糖1%。另加粉剂生料灵占干料量的1.1%。通过混合搅拌均匀,生料含水量为55%~57%。

## (二)培养基灭菌

生料装袋后不需进灶蒸汽灭菌,主要靠生料灵药剂对各种杂菌的抑制杀灭作用灭菌。因此,生料装袋后每隔24小时测定药剂的杀菌效果。在无菌条件下挑取少量培养料,置于PDA培养基面上,在20℃~25℃下培养,观察杂菌存活情况。一般需 48 小时培养料中的杂菌才能被彻底杀灭,通常是装袋 4 天后转入接种,有利于提高菌袋成品率。

### (三)接种培养

栽培季节,以秋栽 9 月中下旬、春栽 1 月上旬为宜。适用菌株有 Cr-04 或 621 等,其菌丝抗杂能力强。菌种量为湿料的 15%。接种按常规,接种穴胶布封口,防止污染。室内发菌温度为在 23℃~25℃,不超过 30℃。当菌丝长到菌圈直径 5 厘米时,用铁钉在接种口刺孔通气,促使菌丝加快生长。生料菌袋因生料灵抑制作用,接种后 10 天菌丝平均日长速 2.92 毫米,比熟料的长速 4.12 毫米慢 1.2 毫米。因此,菌袋成熟的时间较熟料的慢 15 天左右。菌袋脱袋转色,排筒出菇按常规管理。

## 八、玉米芯生料袋栽香菇

玉米芯在我国北方各地资源十分丰富,利用玉米芯生料袋栽香菇大有应用价值,沈阳农业大学和本溪林业局对此立项试验研究获得成功,平均袋产鲜菇 1 千克,效益好。其技术措施如下。

### (一)培养料配制

选择无霉变的玉米芯,粉碎成黄豆粒大小。配方为玉米芯 88%,麦麸 10%,石膏粉 1.5%,石灰 0.5%,另加灭菌剂 0.1%。拌匀后装入袋内。栽培袋长 50 厘米,折幅 25 厘米,厚度 0.2 毫米,每袋装干料量 1.2 千克。

**(二)接种发菌**

接种菌种从 3 月初开始至清明结束,边装袋边接种。采用 4 层菌种、3 层料分层接种法,接种量为料量的 15%～20%。接种后用铁钉在菌袋两端打眼透气,然后叠垛 3～5 层发菌。室温最好控制在 20℃ 以下,低温发菌杂菌污染率低。培育 30 天菌丝长满袋。

**(三)转色出菇**

当袋中有部分转变为棕色,并吐黄水时,脱去塑料袋,将菌筒平摆或立摆于大棚畦床上,让其转色出菇。每天加大温差,并进行变温刺激,空气相对湿度保持在 80% 左右,给予散射光照,注意通风。

**(四)后期管理**

第一潮菇采收后,让菌筒休息养菌 5 天,然后灌水湿透菌筒。灌水后菌筒表面覆盖湿润土 0.5 厘米厚,经 3～5 天又长出第二潮菇。每采一潮菇后,畦内干燥 10 天左右后再灌水,让其再生菇。一般每 15 天左右采收一潮菇,从 3 月播种至10 月采收结束。

# 九、竹屑生料栽培香菇

我国竹类资源十分丰富,品种繁多,营养成分与木材相似,是栽培香菇的好原料。由于竹屑中含有尖刺状物,易刺破菌袋,所以长期以来竹屑未能被用来做香菇的原料。福建省闽北和闽西两个地区科研部门联手专题立项,开发竹屑栽培香菇试验研究,并取得了成功,已示范推广栽培。宁化县利用竹屑栽培 35 000 袋,平均袋产 0.75 千克。菇形圆整,肉质细密,产量、质量不亚于木屑香菇。竹屑栽培香菇应用技术如下。

### (一)竹材处理

毛竹质地坚硬,含糖量较高,一般用机械粉碎后,常产生尖刺颗粒,易刺破菌袋;装袋过程中温度高,培养料易发酸。因此,必须选择在冬季低温期制袋为宜,且需选用适宜粉碎毛竹的粉碎机来加工原料。

### (二)培养基配制

毛竹原料含糖量较高,配方中不加糖。

**1. 配方一** 新鲜竹屑 78%,麦麸 20%(或麦麸、米糠各一半),石膏粉 1.5%,活性炭 0.2%,硫酸镁 0.1%,磷酸二氢钾 0.1%,石灰 0.1%,料水比 1:1.2,pH 值 6.5(福建省宁化县食用菌办提供)。

**2. 配方二** 竹屑 79%,麦麸 20%,石膏粉 1%,另加生料灵粉剂占干料量 1.1% 和生料灵水剂占干料量 0.9%(福建省南平市农科所提供)。

培养料搅拌和过筛 2 遍,放置 4 天后,装入 15 厘米×55 厘米低压聚乙烯塑料袋内。灭菌、冷却按常规操作。

### (三)接种发菌

料袋在接种箱内无菌操作接种,穴口用透明胶带封粘。菌丝培养温度控制在 25℃ 左右,空气相对湿度 70% 以下,光线要暗,并注意通风换气。1 至 3 月上旬接种的,前期气温低,可采取覆盖薄膜、覆麻袋等保温。当菌丝长至直径 5 厘米时开始翻堆,每5～7天1次,保持温度在28℃以下,视天气情况适时通风。由于竹屑气味特殊,易招引蚊蝇,要特别注意防虫害。菌袋发菌过程中需刺孔3次。第一次在菌丝长至6～8厘米时进行,第二次在接种穴之间菌丝相连时进行,第三次在菌丝发满袋时进行。刺孔后菌袋应采用"♯"字形堆放,堆高8层左右。培养期间需通风,气温低时宜在中午进行通风,以减少温差刺激。

### (四)出菇管理

竹屑作原料栽培香菇,分为秋栽露地排筒栽培和春栽畦床覆土出菇2种形式。

**1. 秋栽露地排筒出菇** 畦面平整,中部微拱不积水,畦面平实光滑,畦宽1.2～1.4米,建畦前每667平方米加50千克石灰液消毒。菌袋下田前1周,用生石灰粉铺于畦面,再铺上一层经消毒处理的土壤。菌袋分为半脱袋和全脱袋2种方法:半脱袋只脱1/2袋膜,接种口朝上,转色后直接覆土填充菌筒之间空隙保湿;另一种全脱袋,与木屑栽培方法相似,只是畦面宜先铺1层地膜,地膜上可以洒上1层覆土,以增加保温功能。然后将脱袋后的菌筒排放,照常规转色覆土。为防止脱袋菇大量发生,脱袋前应先将菌袋在大田间静置1周左右,然后脱袋。出菇期可引泉水、井水灌水降温,气温高水位高,气温低水位低。需要保持水质清洁流动。菇蕾发生后应疏密留稀,以保证菇的质量。若发现轻度绿霉感染,可用2%石灰滤液加3%草木灰滤液加1%食盐水,喷淋冲去霉斑。晴天晚上揭膜通风,雨天盖膜,只留两端通风口。

**2. 春栽畦床覆土出菇** 畦床宽1.2～1.3米,长度不限,高10厘米,畦面略呈龟背形,畦四周用土筑高10厘米左右的档边,沟宽 50~60 厘米。荫棚遮阳度达"七阴三阳",并对畦面进行杀虫,2 天后畦面撒 1 层石灰。把拌好的培养料运到菇场倒入畦内,铺料厚 10 厘米左右均匀压实,或畦底先铺 1层地膜,再倒入培养料。把菌种掰成蚕豆大小块状,接入料中,种穴间距 10 厘米。接种后再铺料 1 厘米厚,并压紧使菌种与培养料密接。把畦两边的地膜覆盖于畦内料面上,用透明胶带封缝不漏气,畦上搭小拱架,盖上薄膜,薄膜宽度以盖好后两边下垂到畦沟边为准,以防雨水流入培养料内。菌丝定植后经常检查,一旦发现杂菌侵染,要小心铲除干净,重新补种。注意控制畦内温度在 10℃~30℃。待菌丝布满料面后,料面上用排钉刺孔通气,其深度 3 厘米、孔距 5 厘米,促转色,畦面即可长菇。

## 十、香菇半生料栽培的灭菌工序

为了减少香菇料袋灭菌消耗能源量和缩短灭菌时间,节省劳动力,河南省泌阳县和浙江省庆元县食用菌科研部门研究成功半生料灭菌技术。即采取克霉王粉剂拌料,物理灭菌和化学灭菌有机结合,在 60℃~80℃中温区内进行灭菌。其能源耗及灭菌时间都下降 60% 以上,发菌速度、菌丝竞争能力及成活率都有较大的提高。

### (一)半生料灭菌特点

**1. 节约灭菌燃料** 装袋后培养料灭菌,温度升至 80℃以上,保持 4 小时即可停止加温。灭菌时间和灭菌能耗都减少60% 以上,做到省工、省力、省成本。

**2. 提高成活率** 香菇菌丝恢复生机和萌发比常规栽培

快,竞争能力和抗逆能力强,可减少杂菌感染机会和代谢黄水产生,成品率明显提高。

**3. 周转时间短** 有利于解决规模生产对灭菌场地、灭菌设备和生产进度的要求。

**4. 出菇表现好** 香菇产量与常规栽培基本持平或略有提高,单菇重量明显增加。

### (二)半生料灭菌方法

**1. 原料要求** 与常规生产相同,要求杂木屑干燥,不结块,如有少量结块要过筛、去掉结块和杂质;麦麸要新鲜,干燥无结块,无虫、无霉烂、无掺杂。培养料中如有棉籽壳成分的,应用药水预浸,并适当提高灭菌温度。

**2. 药剂使用** 按每吨干培养料生产 1 150 个(15 厘米×55 厘米/袋)料袋计算,需克霉王粉剂 5 千克(每包 1 千克 18元)。药剂使用前,要求先计算好全部培养料的用水量。药剂均匀溶解于水中配成药水,再加入到培养料中反复搅拌均匀。也可以采用拌干料的方法,与石膏一起直接加到麸皮里混匀,再将含有药剂的麸皮与木屑混匀,最后加水反复拌匀。

**3. 装袋灭菌** 培养料拌均匀后及时按常规操作进行装袋,灭菌,否则袋内培养料容易发酵、变酸膨胀。灭菌灶要在最短时间内上大汽,然后稳火保温。测温时温度计应插入菌袋内 10 厘米,测量点选在低层袋的第三层,要求灶内最低温的地方也达到规定温度。半生料灭菌的温度指标,在灶内最低温区料温达 80℃以上,即可稳火保温达 80℃以上,稳火保温 4～6 小时。然后停火,利用灶内余热闷堆 12 小时以上再出灶。如果采用塑料薄膜保温、灭菌,保温性能较差,就得再延长保温时间 2 小时以上。培养料中有棉籽壳成分的,灭菌温度应提高到 90℃,保温和闷堆时间相同。

其他生产管理技术如接种、刺孔通气、发菌、转色、出菇管理及病虫害防治按常规方法进行。

### (三)注意事项

**1. 计量准确** 用水量和用药量要计算准确,药水一旦拌入培养料中,药剂已被培养料吸收,则不能再以清水或干料调整干湿,否则将造成药物分布不均。

**2. 防止酸料** 培养料拌料后要及时装袋灭菌,切不可久置而致酸化。

**3. 灭菌把关** 灭菌灶内菌袋叠放要求有利于蒸汽通透,避免产生低温死角,停火后要留足闷堆保温时间后才可卸袋。

**4. 注意安全** 克霉王虽然对人、畜毒性极低,使用时也要注意安全。


# 十一、用谷壳栽培花菇

水稻是我国南方主要粮食作物,每年稻谷加工大米后的谷壳数量很大,有的用作燃料,有的成堆废弃。福建省南平市建阳课题组在"南平市食用菌可持续、产业化生产技术研究与开发"项目中,以谷壳代替木屑栽培花菇,于 1998 开始进行试验研究,2004 年经专家组鉴定,认为这一科研成果对花菇生产可降低成本,节省木材,拓宽了花菇生产原料的资源,有推广价值。用谷壳代替木屑栽培花菇试验情况如下。

### (一)配料工艺

示范配方为谷壳(自然堆积 7 天后使用)30％、木屑(干)

48％、麦麸20％、石膏粉1％、蔗糖1％。提前1天将谷壳预湿后拌料,含水量掌握在60％～62％。栽培袋为15厘米×55厘米,袋料湿重约1.9千克。培养基配制、装袋、灭菌、接种与常规栽培相同。

### (二)接种成品率

谷壳栽培的花菇采用福建省三明真菌研究所引进的L-135菌株,要求菌龄适度。接种按常规无菌操作,接种季节3月上旬。从3年的示范情况看,常规栽培与以30％的谷壳代替木屑栽培花菇,两者间在接种成品率上无显著差异,见表7-1。

**表7-1 接种成品率对照表**

| 项 目 | 2001 年 | | | 2002 年 | | | 2003 年 | | |
|---|---|---|---|---|---|---|---|---|---|
| | 接种数（袋） | 污染数（袋） | 成品率（％） | 接种数（袋） | 污染数（袋） | 成品率（％） | 接种数（袋） | 污染数（袋） | 成品率（％） |
| 谷 壳 | 10676 | 686 | 93.6 | 18120 | 916 | 94.9 | 28330 | 2183 | 92.3 |
| 常 规 | 4665 | 301 | 93.5 | 3420 | 176 | 94.9 | 16740 | 1009 | 94.0 |

### (三)菌袋越夏

菌袋室内培养按常规控温、干燥、避光。示范过程观察可以发现,添加谷壳的菌袋转色较常规均匀、菌皮厚薄适中。烂筒率前两年均在4.2％～8％,无明显差异;2003年连续高温条件下,谷壳原料的烂筒率明显下降,这是由于谷壳疏松透气作用,有利于降温见表7-2。

表 7-2　菌袋越夏烂筒率对照表

| 项　目 | 2001 年 | | | 2002 年 | | | 2003 年 | | |
|---|---|---|---|---|---|---|---|---|---|
| | 数　量（袋） | 烂筒数（袋） | 烂筒率（%） | 数　量（袋） | 烂筒数（袋） | 烂筒率（%） | 数　量（袋） | 烂筒数（袋） | 烂筒率（%） |
| 谷　壳 | 9990 | 549 | 5.50 | 17204 | 892 | 5.18 | 26147 | 4876 | 18.65 |
| 常　规 | 4364 | 242 | 5.55 | 3244 | 186 | 5.73 | 15731 | 10859 | 69.03 |

### (四)产量与花菇率

采用 30% 的谷壳代替木屑栽培花菇,在同一菇棚、栽培条件基本相同的情况下,两者间产量及花菇率均无显著差异见表 7-3。

表 7-3　产量及花菇率对照表

| 年　份 | 项　目 | 上架数量（袋） | 总产量（千克） | 花菇数量（千克） | 平均产量（克/袋） | 花菇率（%） | 备　注 |
|---|---|---|---|---|---|---|---|
| 2001 | 谷　壳 | 1849 | 961.5 | 605 | 520.0 | 62.9 | 统计至 3 月 3 日止 |
| | 常　规 | 882 | 460.3 | 282 | 521.9 | 61.3 | 统计至 3 月 3 日止 |
| 2002 | 谷　壳 | 2327 | 1399 | 694 | 601.2 | 49.6 | 统计至 3 月 17 日止 |
| | 常　规 | 517 | 308.5 | 155 | 596.7 | 50.2 | 统计至 3 月 17 日止 |

注:表中数据由示范户陈荣禄 2 年记录数据统计而来

# 十二、用棉花秆栽培香菇

我国棉花产区每年有大量棉秆,它富含木质素、纤维素等养分,对木生菌的香菇生产可以利用。河南南阳师范学院生物系从 1999～2001 年,在该省内乡县进行此项试验,投料 60 吨,接种 3 万余袋,收到理想效果,为香菇生产开辟了新的原料来源,为农作物秸秆综合利用找到新途径。

### (一)棉秆处理

棉秆的养分结构比木屑还丰富见表 7-4。

表 7-4　棉秆粉和木屑营养成分比较　(单位:%)

| 原　料 | 水　分 | 全　氮<br>(N) | 全　磷<br>(P) | 全　钾<br>(K) | 总糖分 | 纤维素 | 粗蛋白 | 粗脂肪 |
|---|---|---|---|---|---|---|---|---|
| 木　屑 | 14.50 | 0.231 | 0.081 | 0.150 | 18.70 | 52.00 | 1.50 | 1.10 |
| 棉秆粉 | 12.60 | 0.381 | 0.418 | 0.410 | 14.50 | 34.71 | 4.90 | 0.70 |

棉秆用做香菇栽培原料时,要求新鲜无腐烂;加工时选用秸秆粉碎机加工成木屑状,以便于与麦麸等辅料混合均匀。

### (二)培养基配方

该校做了 5 种配方对比,较理想的配方为棉秆粉 60%、杂木屑 25%、麦麸 15%。其生物转化率达 86%,与对照组木屑 80%、麦麸 20%,配方的转化率 81%,相比高出 5%。如果是春栽因菌龄长,养分消耗,木屑比例应以 50% 为宜。棉秆粉吸水量大,料与水比应为 1:1.2,含水量 60%,装袋、灭菌按常规。

利用棉秆为培养基栽培香菇的适用菌株,按常规栽培的菌株,一般以秋栽选用 L-856、申香 6 号、Cr-62、Cr-66、L-087 等中低温型品种,要求菌龄适中。

### (三)发菌培养

棉秆料具有疏松、透气的物理性状,香菇菌丝定植快,生长发育迅速。因此,室内养菌要比常规菌袋提前 3～4 天翻堆,菌丝生理成熟一般比木屑原料提前 7 天。发菌期要求温度不超过 30℃,干燥、避光,并注意通风。

### (四)出菇管理

棉秆料疏松、保水性稍差。菌筒水分易被菌丝吸收,菌筒脱袋转色期间,视菌筒表面干燥程度和气候情况,适量喷水,以冲走筒面黄水。喷水后稍晾,手摸菌筒面有湿润感即可,避免偏干影响转色。温差刺激变温催蕾,控温、保湿、透光、增氧等管理参考常规。

# 十三、用野草栽培香菇

野草资源十分丰富,适宜栽培香菇的野草分布在全国各地。在南方就有 0.7 亿公顷的草山草坡。根据福建省光泽县海拔 500～800 米的 22 片草场测定,五节芒每 667 平方米产鲜草最少在 1 300 千克以上,高的达 5 000 千克。福建省农林大学 1988 年以来研究成功利用野草栽培香菇,每 100 千克干草料平均产鲜菇 852 千克,生物转化率达 85.2%,其成果居领先地位,近年来已在国内外广泛推广应用。

### (一)野草品种选择

野草品种繁多,适于栽培香菇的主要是芒萁、类芦、芦苇等 6 种,其营养成分见表 7-5。

表 7-5　　几种野草营养成分分析　（单位：%）

| 品　　名 | 蛋白质 | 脂　肪 | 纤　维 | 灰　分 | 氮 | 磷 | 钾 | 钙 | 镁 |
|---|---|---|---|---|---|---|---|---|---|
| 芒萁 | 3.75 | 2.01 | 72.1 | 9.62 | 0.60 | 0.99 | 0.37 | 0.22 | 0.08 |
| 类芦 | 4.16 | 1.72 | 58.8 | 9.34 | 0.67 | 0.14 | 0.96 | 0.26 | 0.09 |
| 斑茅 | 2.75 | 0.99 | 62.5 | 9.56 | 0.44 | 0.12 | 0.76 | 0.17 | 0.09 |
| 芦苇 | 3.19 | 0.94 | 72.5 | 9.53 | 0.51 | 0.08 | 0.85 | 0.14 | 0.06 |
| 五节芒 | 3.56 | 1.44 | 55.1 | 9.42 | 0.57 | 0.08 | 0.90 | 0.30 | 0.10 |
| 菅草 | 3.85 | 1.33 | 51.1 | 9.43 | 0.61 | 0.05 | 0.72 | 0.18 | 0.08 |

## （二）收集加工

野草的特性与木屑不同。采割、加工及贮藏与木屑也有区别。芒萁、类芦等野草由于含氮量较高，所以在采收时要十分注意季节和天气的选择。如果在雨季采收，无法干燥加工，很容易霉变，会降低野草的利用价值。因此，一定要选在连续晴 5～7 天时采割。野草松散，可用 F-450 型野草粉碎机加工，每小时可生产草粉 125～150 千克。由于野草物理结构不同，野草粉碎机的筛孔大小也有差别。加工芒萁应采用筛孔 2 毫米的筛片，如果太粗会刺破菌袋造成污染；而粉碎类芦等禾本科野草应用筛孔为 2.3～2.5 毫米的筛片。野草经粉碎加工后要贮藏在干燥的室内，否则易霉变、结块，降低营养价值。

## （三）培养基配制

**1. 配方一**　芒萁 38%、五节芒 38.5%、麦麸 20%、蔗糖

1.5％、石膏粉 2％。料与水之比为 1 : 1.3。

**2. 配方二** 芒萁 20.7％、类芦 20.7％、斑茅 20.7％、芦苇 20.7％、麦麸 15％、石膏粉 1.2％、蔗糖 1％。料与水之比为 1 : 1.3～1.35。

**3. 配方三** 类芦 63％、杂木屑 20％、麦麸 15％、石膏粉 1％、蔗糖 1％。料与水之比为 1 : 1.3。

**4. 配方四** 五节芒 63％、木屑 20％、麸皮 15％、石膏 1％、红糖 1％。料与水之比为 1 : 3。

**5. 配方五** 斑茅 38.5％、芒萁 38.5％、麸皮 20％、石膏 2％、红糖 1％。料与水比为 1 : 1.35。

野草料比较疏松,尤其五节芒、类芦、斑茅、芦苇等吸水性强,芒萁吸水性差些,加水搅拌时,必须混合拌匀,菌袋规格 15 厘米×55 厘米低压聚乙烯袋,装袋→灭菌→冷却按常规。

### (四)香菇栽培季节

利用野草栽培香菇秋栽较适,菌袋制作南方海拔 300 米以上地区,应在 8 月下旬开始至 9 月上旬结束;高寒山区和长江以北地区,可根据当地气候,在立秋之后,日平均气温稳定在 25℃以下时进行制袋为宜。制袋接种经 60～65 天培养,至 11 月中下旬进棚脱袋排场,当年秋、冬季长菇,直至翌年春季 4 月底采收结束。菌种制作按菌袋接种期提前 3 个月进行原种和栽培生产。

### (五)适合配套菌株

选择抗逆力强,适应性广,菌龄适中,种质优良的菌株。秋栽为主,适用菌株有 Cr-62、Cr-66、L-087、L-856 等中温偏低型品种比较适合。

### (六)栽培管理

菌袋接种后,置于避光阴凉干燥、室温不超过 30℃、清洁卫生的培养室内发菌培养,经 60～65 天菌丝生理成熟,即可搬进野外菇棚脱袋露地排筒,喷水转色,变温催蕾,进入长菇阶段。其秋冬菇管理参照常规进行即可。入春后气温逐步升高,春菇管理由于野草菌袋基质比较疏松,保湿性差,秋冬菇养分、水分消耗量大,导致春季菌筒收缩度比木屑基质大,且含水量下降较快,因此,菌筒应及时进行检测,浸泡补充水分,并加入营养生长素,促进春菇正常生长。否则,春菇达不到理想产量和品质。

## 十四、用香菇污染料栽培鸡腿蘑

香菇菌袋制作与培养过程难免会受到杂菌污染,这些污染袋如处理不好,就会污染环境,造成空气中杂菌孢子增多,给香菇生产带来更大困难。将污染袋割膜取出废料,通过技术处理,用于室内或野外袋栽或床栽鸡腿蘑(彩 44),效果很好。具体方法如下。

### (一)建堆发酵

先将污染袋集中放在水泥坪上,割掉袋膜,取出被污染的培养料,然后按下列配比进行堆积发酵:废料 70%,棉籽壳16.5%,麦麸 10%,尿素 0.5%,石灰粉 3%,料与水比为 1：1.2～1.3。先将废料和棉籽壳粉混合搅匀,集堆发酵 7～10天,中间翻堆 3 次。当堆料变微红褐色,有香味,内层有白色放射菌生长,发酵结束。然后将麦麸、尿素加入拌匀后,调水至含水量 60%左右。

## (二)装袋接种

鸡腿蘑栽培季节通常为春、秋两季,气温稳定在 10℃～23℃时均可栽培。其栽培与接种的方式有 3 种:一是发酵料装袋接种,以 1 层料 1 层菌种,依次装成 3 层料、2 层菌种;二是发酵料装袋后,再经过常压灭菌(100℃保持 6～8 小时)后,卸袋冷却至 28℃以下时解开袋口,做料面接种;三是发酵料直接在野外畦床上铺料、接种,按 1 层料,1 层种,再 1 层料,然后覆土,覆盖地膜。这 3 种方式均可使用。

## (三)发菌培养

料袋接种后,置于 23℃～25℃的室内发菌培养,通常 20 天左右菌丝走满袋,然后继续培养 15 天,菌丝浓密色白,此时达到生理成熟。发酵加灭菌处理的菌袋,其菌丝长速一般比单一发酵料快 1～2 天,长势和色泽也比较好。野外畦床直接铺料接种的,间隔 1 天揭膜通风 1 次,使畦床内菌丝有充足氧气,一般 20 天左右菌丝长入畦床内。

## (四)覆土出菇

鸡腿蘑不覆土就不出菇,这是其种性特征。袋栽的当菌丝长满后,要及时解开袋口进行覆土。土质要求肥沃的沙壤土或菜园土,打碎土粒,经消毒处理,含水量 50%左右,覆土厚 3 厘米。然后将菌袋排放室内架床上,或集排在野外畦床上均可。覆土后用黑色地膜覆盖。无论是袋栽还是床栽,都要使发菌阶段房棚前期温度不超过 25℃,当土面出现菌索并形成原基时,喷水湿透土层,但不可渗透料层。由原基分化到子实体形成需要 9～14 天。长菇期温度以 15℃～20℃ 为宜，要有散射光照，使菇体色白，空气相对湿度保持在 85%～95%，注意定时揭膜通风换气。鸡腿蘑一般可收 3～4 潮，生物转化率达 100%～120%。

## 十五、用香菇菌渣栽培毛木耳

香菇菌筒出菇结束后的废筒称为菌渣，可用于栽培毛木耳(彩 45)，成本可降低 15%～20%，效果很好。其栽培技术如下。

### (一)原料处理

将收获结束的香菇菌渣破袋取料，打碎摊开晒干，收集备用。

### (二)配料比例

以下两配方任选其一。

**1. 配方一** 菌渣 25%，杂木屑 33%，棉籽壳 20%，麦麸 15%，米糠 5%，石膏粉 1%，碳酸钙 1%。

**2. 配方二** 菌渣 30%，棉籽壳 30%，杂木屑 28%，麦麸 10%，石膏粉 0.7%，碳酸钙 1%，混合肥 0.3%，料水比例为 1：1～1.2。

### (三)料袋制作

毛木耳栽培袋规格为 15 厘米×55 厘米，每袋装干料 0.9～1 千克。装袋按常规，料袋灭菌(100℃以上保持 18～20 小时)，达标后趁热卸袋，疏松排开散热。

### (四)接种发菌

料袋正面打 4 个接种穴接入菌种,穴口不贴胶布。毛木耳菌种多为袋装(13.5 厘米×24 厘米),每袋菌种可接 25～30 个栽培袋。接种后菌袋置于室内,按每 4 袋交叉重叠 1 次,共放 10～12 层。进行发菌培养。为防止螨虫为害,接种后 3 天,用克螨特 73％乳油 3 000 倍液喷洒空间。菌袋培养 8～10 天后进行第一次翻袋。以后每隔 7～8 天翻袋 1 次。发菌期温度以不低于 22℃,不超过 32℃为宜。

### (五)出耳管理

接种后经过 30 天培育,菌丝走满袋,即达生理成熟,便可进行诱耳。具体操作:用刀片在袋侧面各割"×"形出耳穴 4 个,穴口 2 厘米长为宜。割穴后疏袋散热,菌袋改为 3 袋交叉重叠,扩大空间;并喷雾化水于空间,相对湿度保持 85％,诱导耳芽发生。夏天气温高时,可在地面喷水增湿,促进出耳。待大部分耳芽长出 1 厘米后,将菌袋搬进室内或野外菇棚排袋,进行出耳管理。每天喷水 1～2 次,直接喷在耳片上,以耳片湿润为宜。出耳温度以 25℃～32℃均可,每天通风 1～2 次,从接种到采收一般需 55 天,可连续采收 4～5 潮,生物转化率达 130％。

## 十六、用香菇菌渣栽培大球盖菇

利用香菇菌渣,通过发酵配制培养料,在室外免棚畦床栽培大球盖菇,接种后 60 天出菇(彩 46),每平方米可采收鲜菇 10～15 千克,成本低、产量高、效益高。具体方法如下。

## (一)菌渣处理

将长过香菇后的菌袋,集中水泥坪上,割掉薄膜袋,取出菌渣,打散晒干。然后按菌渣 70%、棉籽壳 10%、杂木屑 10%、稻草 7%、石灰 3%,料水 1:1.3 加入。将上述料混合均匀,再加入石灰液反复拌匀后,整堆发酵 15 天,中间进行翻堆 3 次。达到料疏松,无氨气即可。在播种时再加清水,含水量为 60%左右。

## (二)栽培季节

大球盖菇一般 9 月中旬至 11 月份铺料播种。

## (三)场地处理

因地制宜地选用水稻收割后的地块,将剩下的稻根压平。也可以利用果园、林地作栽培场地,但要靠近水源、方便管理。

## (四)铺料播种

将发酵料铺于压平稻根的畦床上,铺料至宽 1 米左右,长度视场地而定。铺料 15 厘米厚,播入大球盖菇菌种,每平方米 5 瓶。然后在菌床周围挖深 20 厘米,宽 50 厘米的排水沟。将挖出泥土打碎,覆盖于畦床上,厚 3～4 厘米,畦床表层覆盖稻草 5～6 厘米。菇棚不必遮盖,菌种利用地温、地湿自然生长。若气候干燥时,应用水浇湿床面草料。

## (五)出菇管理

播种后的 1 个月左右,菌丝基本发满畦床,并爬向床面,菌丝色泽浓白,粗壮密集。播种后 45～60 天可出菇,此时在畦床上插拱条搭起小拱棚架,覆盖遮阳网。管理过程既不要使料内过湿,也不要让料内干燥,做到适量喷水。如气候干燥,床面要喷水,渗透培养料。气温在15℃～23℃时,子实体生长发育良好。菇蕾发生至成熟的时间,因不同温度相差较大,一般需5～10天。大球盖菇宜在未开伞前采收,其味道、口感好。现有市场主要是鲜销或加工盐渍上市。

## 十七、无公害防治病虫害

香菇要成为大众化绿色食品,在病虫害防治上必须坚持"以防为主,防重于治"的原则,提倡生态防治、物理防治、不用或少用化学农药的无公害综合措施,确保香菇产品无污染、安全卫生。

### (一)生态防治

生态防治要求优化环境,消除污染源,这是病虫害防治工作的基础。具体应做好以下几方面的工作。

**1. 选好场地** 按照本书无公害香菇产地环境条件中,对栽培房棚的"四要求"、"五必须",进行场地选择,确保香菇产地的安全卫生。

**2. 优化生态环境** 产地生态环境要按照国家 GB/T 18407—2001《农产品安全质量 无公害蔬菜产地环境要求》中规定的土壤质量、水质量、空气质量的指标,控制污染源。

**3. 合理轮作** 野外栽培棚的场地,采取菇稻轮作,一年种香菇,一年种水稻(彩37),对防治病虫害有好处。因为长期栽培一个品种,病虫繁殖指数和抗逆能力也随着上升和增强。如果间隔1～2年后再轮换回来,在此间隔期间由于品种的变换,因病虫适应性差,侵害也就减少了。

## (二)生物防治

利用生物或生物代谢产物来防止病虫的,称为生物防治。生物防治包括采取植物性药物和培养动物性天敌来治虫,以及增强菇身抗病虫能力。具体措施如下。

**1. 植物药剂** 利用有些植物含有的杀菌驱虫成分,作为防治病虫害的药剂。如除虫菊是绿色植物农药的理想原料,主要含有除虫菊素和瓜叶除虫菊素等杀虫有效成分,花、茎、叶可制除虫菊酯类农药。可将除虫菊加水煮成药液,用于喷洒菇房环境,杀灭害虫;还可将除虫菊熬成浓液,涂粘于木板上,挂在灯光强的附近地方诱杀菇蝇、菇蚊,效果很好。此外,茶籽饼也是植物农药。茶籽是油茶树的种子,榨油剩下的茶籽饼,气味芬芳,有杀虫效果,将其磨成粉撒在纱布上,螨虫就会聚集于纱布,然后把纱布放在浓石灰水里浸泡,螨虫便被杀死,连续多次,杀螨效果可达 90%以上。此外烟草、苦楝、臭椿、辣椒、大蒜、洋葱、草木灰等都可作为植物制剂农药,用于杀虫,成本低廉,又无公害。

**2. 微生物杀虫剂** 苏芸金杆菌(BacilLus thuring iensis,简称 Bt)是一种存在于昆虫体内的病原细菌,可防治鳞翅目害虫、线虫和螨类。在温度 30℃左右时,杀虫死亡速度快,是理想的生物农药,对人、畜安全。苏芸金芽孢杆菌的侵染方式是内毒素作用,使害虫致死,还可由消化道入侵昆虫体腔中,通过大量繁殖而引起昆虫败血致死,对环境安全。此外还可采取以虫治虫,如利用寄生蜂、寄生蝇防治其他害虫。

**3. 壮菇抑虫** 所谓壮菇抑虫就是从各方面创造条件,育壮香菇菌体,以强制胜,抑制病虫害。另一方面是选择有特异性气味的菇类进行交叉轮种。如竹荪有一股特别浓香气味，蕈蚊等害虫闻味即飞，不敢接近。可在较大菇棚旁栽培几平方米面积的竹荪，让其子实体散出气味，驱逐蚊虫；也可作为轮换品种，使菇棚内有自然防治虫害的基础条件。

## （三）物理防治

物理防治是利用各种物理因素、人工或器械杀灭害虫的方法。

**1. 特殊光线杀灭病原微生物**　利用紫外线杀菌。接种室、超净工作台、缓冲室内安装 30 瓦紫外线灯，每次照射25～30 分钟，可有效地杀灭细菌、真菌和病菌。还可采用黑光灯波长 36.5～40 纳米的黑光灯，诱杀害虫。许多昆虫具有趋光性，可在菇房棚内安装黑光灯，诱杀蝼蛄、叶蝉、菇蚊、菇蝇、菇蛾。

**2. 臭氧杀菌**　臭氧具有高效广谱消毒作用。可通过高压放电，把空气中的氧气转变成臭氧，再由风扇把臭氧吹散到空间消毒杀菌，或由气泵把臭氧注入混合水中形成灭菌水剂，喷洒消毒灭菌，这是新一代消毒设备。

**3. 隔离保护**　香菇发菌室门窗安装尼龙窗纱网，防止窗外蛾、蚊、蝇及其他昆虫飞入为害。野外菇棚栽培香菇，可用 30 目尼龙遮阳网遮盖，既可防虫，又可遮阳。

**4. 人工捕杀**　香菇菌袋室内发菌培养阶段常遭鼠害，可采用捕鼠夹捕捉，野外菇棚常出现蛴螬、蛞蝓、星飘虫等入侵，可直接捕捉。

## （四）农药防治

认真执行《农药限制使用管理规定》，在使用农药时，必须慎之又慎，不得马虎。实施无公害生产需控制使用农药，必须做到以下五点。

**1. 用药原则"三层次"** 利用农药治虫是一种应急措施。在确实需要用药时，认真执行"三层次"，即：首先，应选用生物农药或生化制剂农药，如 8010、白僵菌、天霸等；其次，选择特异性昆虫生长调节剂农药，如农梦特、抑太保、卡死克、除虫脲、灭幼脲等；第三，选用高效、广谱、低毒、残留期短的药剂，如敌百虫、辛硫磷、福美双、百菌清、克螨特、锐劲克、甲基托布津、甲霜灵等。用药时期还要"两强调"，即：强调在未出菇或每潮菇采收结束后使用，并注意少量、局部施用，防止扩大污染；强调在长菇期间严禁喷洒药剂。

**2. 药品对象"两禁用"** 所有使用的农药，都必须经过农业部农药检定所登记。禁用未取得登记和没有生产许可证的农药；禁用无厂名、无药名、无说明书的伪劣农药。

**3. 禁控农药"两严格"** 一是严格执行国家农业部 2002 年 5 月 24 日，第 199 号公告明令禁止使用的 18 种农药：六六六、滴滴涕、毒杀酚、二溴氯丙烷、杀虫脒、二溴乙烷、除草醚、艾氏剂、狄氏剂、汞制剂、砷类、铅类、敌枯双、氟乙酰胺、甘氟、毒鼠强、氟乙酸钠、毒鼠硅；二是严格执行《中华人民共和国农药管理条例》剧毒和高毒不得在蔬菜生产中使用的农药，香菇作为蔬菜的一类，应完全应遵照执行。

**4. 用药方法"三不得"** 任何农药在使用时，一不得超出规定的使用范围。因此，首先熟悉病虫种类，了解农药性质，按照说明书规定掌握好使用范围、防治对象、用量、用药次数等事项；二不得盲目提高使用浓度，做到用药准确、适量、正确复配，交替轮换用药；三不得长期使用一种农药，使病虫产生抗性。同时还要选用相应的施药器械。

**5. 注意安全"四个要"** 即：一要操作人员戴好防毒口罩和手套，禁用手拌药；二要配药远离水源和居民区的安全地方；三要药品专人看管，防止丢失或人、畜禽误食中毒；四要打药期间做到"两不得"即不得饮酒、吸烟、喝水、吃食物，不得用手擦嘴、脸、眼睛。

# 第八章 讲究加工分级,提升
产品档次效益

产品采收加工是香菇生产全过程的最后一个环节。如若稍有忽视,必然把将要到手的钱,又白白从指缝间溜走了,因此,必须把好最后一关。

## 一、采收加工常见误区

### (一)成熟度把握不准,采收误期

保鲜香菇成熟度要求七成熟就采收,有的菇农误以为菇体长得肥大些产量高,所以常出现本来应收的菇,却拖延1天采收,结果菇体过熟,菇盖伸展,孢子散发,组织膨松,不但重量减轻,而且品质下降,价值降低。

### (二)鲜菇堆放不当,外观受损

保鲜出口的香菇,要求保持原有的形态、色泽和田园风味。有的菇品采收时装菇容器不合适,菇盖摩擦失去原来形态;有的在菇品采后堆放不当,菇体碰撞,造成产品破损。

### (三)加工技艺欠佳,优质菇降级

香菇保鲜加工过程中常发生的失误是,在鲜菇收集后就修剪菇柄入库。由于菇体组织尚处于活动状态,剪柄后出现菇体变黑,影响质量。脱水烘干加工过程失误的是,在鲜菇送进烘房时,开始温度偏低,菇体组织尚在活动,菇盖继续伸展,以致加工成品后菇盖卷边变小,等级下降。有的没有掌握烘干温度的梯度,进入干燥阶段温度仍持续 60℃,结果菌褶变红,等级下降。

### (四)产品分级不清,档次下调

出口保鲜菇和干菇要求产品分档次,级别清楚。干品常见的失误是"四菇"(粘土菇、烤焦菇、破边菇、畸形菇)没拣净,等外菇混入比例大了,规格菇等级也就随着下降;同时干菇过筛分拣和装箱过程中操作粗心,菇体磨损,感观指标不能达标而降级。

## 二、识别香菇成熟期与采收技术

### (一)把握成熟标准

香菇采收的标准应根据产品的市场要求。保鲜出口菇要求子实体成熟度七成时采收,一般为菌膜已破,菌盖表面光泽,盖边内卷,与菌柄仅有一半伸展,菌褶白色、不倒纹,此时就要采收。加工干菇,则要求子实体八成熟时采收。即菌膜已破,菌盖尚未完全展开,尚有少许内卷,形成"铜锣边";菌褶已全部伸长,并由白色转为黄褐色或深褐色时,为最适时的采收期。

适时采收的香菇,色泽鲜艳,香味浓,菌盖厚,肉质柔韧,商品价格高;过期采收,菌伞充分开展,肉薄、脚长、菌褶变色,重量减轻,商品价格低。

## (二)选择装菇容器

采集鲜菇宜用小箩筐或竹篮子装盛集中,并要轻放轻取,保持菇体完整,防止互相挤压损坏,影响品质。特别是不宜采用麻袋、木桶、木箱等盛器,以免造成外观损伤或霉烂。采下的鲜菇要按菇体大小、朵形好坏进行分类,然后分别装入塑料周转筐内(彩47-1),以便分等加工。

## (三)讲究采收技术

**1. 采菇时间** 晴天采菇有利于加工,阴雨天一般不宜采,因雨天香菇含水量高,保鲜易霉烂,加工干品也难以干燥,影响品质。若菇已成熟,不采就要误过成熟期时,雨天也要适时采收,但要抓紧加工干制。

**2. 采菇方法** 根据采大留小的原则采收。摘菇时左手提菌筒,右手大拇指和食指捏紧香菇菌柄的基部,先左右旋转,再轻轻向上拔起。注意不要碰伤周围小菇蕾,不让菇脚残留在菌筒上。如果香菇生长较密,基部较深,可用小尖刀从菇脚基部挖起。采摘时不可粗枝大叶,防止损伤菌筒表面的菌膜。

**3. 采前不喷水** 香菇采收前不宜喷水,因为采前喷水子实体含水量过高,无论是保鲜或脱水加工时菌褶会变黑,不符合出口色泽要求,商品价值低。

**4. 菌筒养护** 采收后的菌筒,及时排放于畦床的排筒架上,喷水后盖紧薄膜保温、保湿,并按照各季长菇管理技术的要求进行管理,使幼蕾继续生长。冬季在揭开薄膜采菇时,应特别注意时间不能拖延过长,以防幼蕾被寒风吹萎。

# 三、加工保鲜出口香菇的关键技术

保鲜出口香菇要求保持原有的形态、色泽和田园风味,要达到这个标准,保鲜加工应把握以下关键技术。

## (一)冷库设施

根据本地区栽培面积的大小和客户需要的数量,确定建造保鲜库的面积。其库容量通常以能容纳鲜菇3~5吨为宜。也可以利用现有水果保鲜库贮藏香菇。

保鲜库应安装压缩冷凝机组、蒸发器、轴流风机、自动控温装置、供热保温设施等。如果利用一般仓库改建为保鲜库,也需安装有关机械设备及工具等。冷藏保鲜的原理是,通过降低环境温度来抑制鲜菇的新陈代谢和抑制腐败微生物的活动,使之在一定时间内,保持产品的鲜度、颜色、风味不变。香菇组织在4℃以下停止活动,因此,保鲜库的温度以0℃~4℃为宜。

## (二)鲜菇要求

保鲜出口的香菇要求朵形圆整,菇柄正中,菇肉肥厚,卷边整齐,色泽深褐,菇盖直径3.8厘米以上,菇体含水量低,无粘泥、无虫害、无缺破,保持自然生长的优美形态。符合要求者作为冷藏保鲜,不合标准的,作为烘干加工处理。如果采前10小时喷过水的,就不合乎保鲜质量要求了。

## (三)晾晒排湿

经过初选的鲜菇,一朵朵摊铺于晒帘上,及时置于阳光下晾晒,让菇体内水分蒸发(彩 47-2)。晾晒的时间,秋、冬菇本身含水率低,一般晒 3～4 小时;春季菇体含水率高,需晒 6 小时左右;夏季阳光热源强,晒 1～1.5 小时即可。晾晒排湿后的标准是,以手捏菌柄无湿润感,菌褶稍有收缩。一般经过晾晒后,其脱水率为 25%～30%,即每 100 千克鲜菇晒后只有70～75 千克。

### (四)分级精选

经过晾晒后的鲜菇,按照菇体大小进行分级。采用白铁皮制成"分级圈",现一般分为 3.8 厘米、5 厘米、8 厘米 3 种不同的分级圈。同时要进行精选,剔除菌膜破裂、菇盖缺口以及有斑点、变色、畸形等不合格的等外菇。然后按照大小规格分别装入专用塑料筐内,每筐装 10 千克。

### (五)入库保鲜

精选后入级的鲜菇,及时送入冷库内保鲜。冷库温度控制在 0℃～4℃,使菇体组织处于停止活动状态。入库初期,不剪菇柄,待确定起运前 8～10 小时,才可进行菇柄修剪(彩 47-3)。如果先剪柄,容易变黑,影响质量。因此,在起运前必须集中人力突击剪柄。菇柄保留的长度按客户要求一般为2～3 厘米,剪柄后纯菇率为 85%左右,然后继续入库冷藏散热,待装起运。

### (六)包装起运

鲜菇保鲜包装箱,采用泡沫塑料制成的专用保鲜箱,内衬透明无毒薄膜,每箱装 10 千克。另一种采用透明塑料袋小包装,每袋 200 克、250 克不等(彩 47-4),采取白色泡沫塑料盒,每盒装 6 朵、8 朵、10 朵不等,排列整齐,外用透明塑料保鲜膜包裹。然后装入纸箱内,箱口用胶纸密封。包装工序需在保鲜库内控温条件下进行,以确保温度不变。

鲜菇包装后采用专用冷藏汽车,迅速送达目的地。我国出口鲜菇主要销往日本、新加坡等地,多采用空运,几小时内到达国外。运往国内超市多用冷藏车送到销售地冷库。由于保鲜有效期一般为 7 天左右,所以起运地到交接点以及国外航班时间都要衔接好,以免误时影响菇体品质。

# 四、香菇脱水烘干技术

脱水烘干是香菇生产加工的一个重要环节,它占整个香菇产量的 80%。我国加工均采取机械脱水烘干流水线,鲜菇一次进房烘干为成品,使香菇朵形圆整,菇褶色泽蛋黄色,菇盖皱纹细密,香味浓郁,品质提高。具体技术如下。

## (一)脱水干制梯度与等度

香菇脱水干燥的原理,概括为"两个梯度、一个等度"。

**1. 湿度梯度**　当菇体水分超过平衡水分,菇体与介质接触,由于干燥介质的影响,菇体表面开始升温,水分向外界环境扩散。当菇体水分逐渐降低,表面水分低于内部水分时,水分便开始由内向表面移动。因此,菇体水分可分若干层,由内向外逐层降低,这叫湿度梯度。它是香菇脱水干燥的一个动力。

**2. 温度梯度**　在干制过程中有时采用升温、降温、再升温的方法,形成温度波动。当温度升高到一定程度时,菇体内部受热;降温时菇体内部温度高于表面温度,这就构成内外的温度差别,叫温度梯度。水分借温度梯度,沿热流方向迅速向外移动而使水分蒸发。因此,温度也是香菇干燥的一个动力。

**3. 平衡等度** 干制是菇体受热后热由表面逐渐转向内部,温度上升造成菇体内部水分移动。初期一部分水分和水蒸气的移动,使体内、外部温度梯度降低;随后水分继续由内部向外移动,菇体含水量减少,即湿度梯度变小,逐渐干燥。当菇体水分减少到内部平衡状态时,其温度与干燥介质的温度相等,水分蒸发作用就停止了。

### (二)脱水烘干技术要领

**1. 精选原料** 鲜菇要求在八成熟时采收。采收时不可把鲜菇乱放,以免破坏朵形外观;同时鲜菇不可久置于 24℃以上的环境中,以免引起酶促褐变,造成菇褶色泽由白变浅黄或深灰甚至变黑,同时禁用泡水的鲜菇。根据市场客户的要求分类整理。大体有 3 种规格:菇柄全剪、菇柄半剪(即菇柄近菇盖半径)、带柄修脚。

**2. 装筛进房** 把鲜菇按大小、厚薄分级,摊排于竹制烘筛上,菌褶向上,均匀排布,然后逐筛装进筛架上。装满架后,筛架通过轨道推进烘干室内,把门紧闭。若是小型的脱水机,则只要把整理好的鲜菇摊排于烘筛上,逐筛装进机内的分层架上(彩 48),闭门即可。烘筛进房时,应把大的、湿的鲜菇排放于架中层;小菇、薄菇排于上层;质差的或菇柄排于底层,并要摊稀。

**3. 掌握温度** 开始烘干的温度应以 35℃为宜,通常鲜菇进房前,先开动脱水机,使热源输入烘干室内的鲜菇一进房就在 35℃下,其菇盖卷边自然向内收缩,加大卷边比例,且菇褶色泽会呈蛋黄色,品质好。

烘干箱内温度从 35℃ 起,逐渐升温到 60℃ 左右结束,最高不超过 65℃。升温必须缓慢,如若过快或超过规定的标准要求,易造成菇体表面结壳,反而影响水分蒸发。升温要求见表 8-1。

表 8-1    香菇脱水升温一览表

| 时　间<br>(小时) | 1 | 2～4 | 5～6 | 7～9 | 10～11 | 12～13 | 14 | 15～16 | 17 | 18～22 |
|---|---|---|---|---|---|---|---|---|---|---|
| 温　度<br>(℃) | 35 | 40 | 43 | 45 | 48 | 50 | 52 | 53 | 55 | 60 |
| 阶　段 | 起烘 | 脱　　水 | | | 定　色 | | | 干　燥 | | |

**4. 排湿通风**    香菇脱水时水分大量蒸发,要十分注意通风排湿。当烘干房内空气相对湿度达 70% 时,就应开始通风排湿。如果人进入烘房时骤然感到空气闷热潮湿,呼吸窘迫,即表明相对湿度已达 70% 以上,此时应打开进气窗和排气窗进行通风排湿。干燥天和雨天气候不同,鲜菇进烘房后,要灵活掌握通气和排气口的关闭度,使排湿通风合理,烘干的产品色泽正常。

**5. 干品水分测定**    脱水后的成品,要求含水率不超过 13%。测定含水量的方法:感观测定,可用指甲压菇盖部位,若稍留指甲痕,说明干度已够。电热测定可称取菇样 10 克,置于 105℃ 电烘箱内,烘干 1.5 小时后,再移入干燥器内冷却 20 分钟后称重。样品减轻的重量,即为香菇含水分的重量。鲜菇脱水烘干后的实得率为 10:1,即 10 千克鲜菇得干品 1 千克。不宜烘干过度,否则易烤焦或破碎,影响质量。若是剪柄的鲜菇,其实得率与冬季比为 14:1、与春季比为 15:1。

# 五、香菇真空冻干工艺

真空冻干(FD)的菇品质量优于脱水烘干产品。真空冻干生产过程处于缺氧和低温条件下,使产品形、色、味和营养成分与鲜品基本相同,且复水性较强。因此,在国际市场上符合现代消费人群,对食品"绿色、营养、安全、方便"的要求,深受青睐,其价格明显高于同类的普遍干燥菇品。因而成为新一代食用菌加工技术,发展前景可观。

## (一)冻干原理

真空冻干是利用冻结升华的物性,将鲜菇中水分脱出,这种升华现象在大蒜、生姜、辣椒、水果等休闲小食品加工方面已广泛利用。而我国现行鲜菇脱水则是采取加热的物理方法将水脱出,而没用升华脱水方法。其实水($H_2O$)有固态水、液态水、气态水,在一定条件下,这三态可以互相转化。在一定温度和压力下,使水降温结冰,冰加热升华为气,气降温又升华为冰,冻干就是用这种升华原理把鲜菇脱水干燥。

## (二)基本设备

冻干生产的普通厂房内,设前处理车间、冻干车间和后处理车间3部分。前处理车间设备有台案、水槽、甩干机、夹锅炉等,这主要用于深加工冻干小食品。冻干车间内配置速冻床,干燥仓,以及真空、加热、监控等设备。后处理车间应备挑选台、振动筛,金属检测器,真空封口机等。甘肃省兰州科技真空冻干技术公司近年研制生产了 DG 型食品冻干机,设有水气冷阱,提高了捕水量,结霜均匀,捕水率每小时达 3.13 千

克/平方米,每脱水 1 千克冰能耗 0.55 千瓦·小时,并配有
JDGP 智能监控软件,使温度控制精度达到 0.5℃,真空调节
精度达到 1 帕。为国内目前较先进的设备(咨询电话:0931—
8275919/8271139)。

### (三)冻干工艺

香菇真空冻干技术,目前各地正在探索与研究,大体掌握
以下 5 个方面。

**1. 原料筛选** 首先将进厂鲜菇剔除霉烂菇、带泥菇、浸
水菇、病虫害和机械损伤菇。然后按照菇体大小、厚薄进行区
分,装入泡沫塑料箱内,每箱装量 10～15 千克。

**2. 进库冻结** 装筛选好的原料菇连同泡沫塑料箱通过
输送带传送到隧道内,依次通过预冻区、冻结区、均温区,进入
冷冻库。菇品经速冻库—30℃ 以下的温度速冻后,把库内温
度调控在—18℃ 以下经 1～2 小时,然后再保温 1～2 小时,使
菇体冻透,处于冰冻状态。

**3. 加压升华** 冻干主要掌握温度和压力。生产时温度
调控 0.01℃ 和压力 6 105 帕以上之间,使菇体内水分蒸发成
气体,形成水;随着水降温使其结为冰。冰加热可直接升华为
气(不经过液态),气降温直接使其凝结为冰,使固态水、液态
水、气态水互相转化。升华的中后期蒸汽量逐步渐减,仓内真
空升高,此时制冷量可适当减少。升华结束后,物化结合水处
于液态,此时应进一步提高菇体温度,进入解析阶段,使这部
分水分子能获解析,逼使菇体干燥。菇品体态大小、厚薄有
异,在这种低温冷冻的条件下,一般经过 10～15 小时可把菇
体脱水干燥。

**4. 低温冷藏** 真空冻干后的菇品,应迅速转入干燥房内

包装。室内空气相对湿度要求40％以下，以免干品在包装过程吸潮。干品包装后置于－40℃低温下，冷冻40小时，杀灭在贮存过程中从外界侵入的杂菌、虫体及卵，然后起运出口。

真空冻干生产是食用菌加工业新开发项目，适于加工企业拓宽业务。但相对而言，其设备比普通热风脱水干燥投资大些，在开发此项产品时，应根据对外贸易客户订单的要求，顺应市场，稳定发展。而对国内市场所需的旅游、休闲菇品的加工，它与真空油炸可同时进行。

## 六、特种香菇的加工

特种菇是指加工制作而成梅花、菱形、方粒、丝条菇柄等（彩51）不同形状的一种既有观赏价值，又方便烹调的食用菇。是近年来根据日本、新加坡及我国香港等地客户要求而发展的新品种。

这些特种菇的加工，原料多采用春季薄菇，通过模型压制或机械和手工切制而成。如加工梅花菇，是采用白铁皮制成梅花形的模具，在一朵鲜香菇正中用模块按压成形，菇边和菇脚另做加工处理，然后通过脱水烘干为成品。

## 七、干菇贮藏保管的要求

香菇干品吸潮力很强，经过脱水加工的干品，如果包装、贮藏条件不好，极易回潮，发生霉变及虫害，造成商品价值下降和经济损失。为此，必须把好贮藏保管最后一关。

## (一)检测干度

凡准备入仓贮藏保管的香菇,必须检测干度是否符合规定标准,干度不足一经贮藏会引起霉烂变质。如发现干度不足,进仓前还要置于脱水烘干机内,经过 50℃～55℃烘干 1～2 小时,达标后再入库。

## (二)严格包装

香菇脱水烘干后,应立即装入双层塑料袋内,袋口缚紧,不让透气。包装前严格检查,所有包装品应干燥、清洁,无破裂,无虫蛀,无异味,无其他不卫生的夹杂物。按照出口要求规格,用透明塑料膜包装,每袋装量 3 千克,用抽真空封口。外用瓦楞纸包装箱,规格 66 厘米×44 厘米×57 厘米,箱内衬塑料薄膜,每箱装 5～6 袋(彩 49)。

## (三)专仓贮藏

贮藏仓库强调专用,不能与有异味的、化学活性强的、有毒性的、易氧化的、返潮的商品混合贮藏。库房以设在阴凉干燥的楼上为宜,配有遮荫和降温设备。进仓前仓库必须进行 1 次清洗,晾干后消毒。用气雾消毒盒,每立方米 3 克进行气化消毒。库房内空气相对湿度不超过 70%,可在房内放 1～2 袋石灰粉吸潮。库内温度以不超过 25℃ 为好。度夏需转移至 5℃ 左右保鲜库内保管,1～2 年内色泽仍然不变。

## (四)注意防虫害

香菇在贮藏期间,常见虫害有谷蛾、锯谷盗、出尾虫、拟谷盗等。

预防办法是首先要搞好仓库清洁卫生工作,清理杂物、废料,定期通风、透光,贮藏前进行熏蒸消毒,消除虫源。同时要保持香菇干燥,不受潮湿。定期检查,若发现受潮霉变或虫害等,应及时采取复烘干燥处理,即将香菇置于 50℃～55℃烘干机内烘干 1～2 小时。也可采用二硫化碳药物置于容器内,让其自然挥发扩散,熏蒸杀虫,每立方米用量 100 克,熏蒸时间 24 小时。

# 八、无公害香菇产品标准

无公害香菇是一种无污染、安全卫生优质的食品。根据形势发展的新要求,国家农业部 2002 年 7 月 25 日发布了 NY 5095—2002《无公害食品 香菇》行业标准,于 2002 年 9 月 1 日开始实施,这是我国现行香菇质量标准。它适用于袋料栽培和段木栽培的香菇(Lentinus edodes),其中包括鲜香菇和干香菇。

## (一)无公害香菇感观指标

该标准规定无公害香菇的感官指标,应符合表 8-2。

表 8-2　无公害香菇感官指标

| 项　目 | 要　求 |
| --- | --- |
| 外　观 | 菇形完整,大小均匀,棕色、黄褐色、褐色、茶色 |
| 气　味 | 有香菇特有的香味,无异味 |
| 霉烂菇 | 无 |
| 虫蛀菇(%)(质量分数) | ≤1 |
| 一般杂质(%)(质量分数) | ≤0.5 |

| 项　目 | | 要　求 |
|---|---|---|
| 有害杂质 | | 无 |
| 水　分 | 干香菇(%) | ≤13 |
| | 普通鲜香菇(%) | ≤91 |
| | 鲜花菇(%) | ≤86 |

注:鲜香菇不检一般杂质和有害杂质

## (二)无公害香菇卫生指标

无公害香菇的卫生指标,应符合表 8-3 规定。

表 8-3　无公害香菇的卫生指标

| 项　目 | 指标/(毫克/千克) | |
|---|---|---|
| | 干香菇 | 鲜香菇 |
| 砷(以 As 计) | ≤1.0 | ≤0.5 |
| 铅(以 Pb 计) | ≤2.0 | ≤1.0 |
| 汞(以 Hg 计) | ≤0.2 | ≤0.1 |
| 镉(以 Cd 计) | ≤1 | ≤0.5 |
| 亚硫酸盐(以 SO₂ 计) | ≤50 | |
| 多菌灵(carbendazim) | ≤0.5 | |
| 敌敌畏(dichlorvos) | ≤0.5 | |

注：根据《中华人民共和国农药管理条例》,剧毒和高毒农药不得在蔬菜(包括食用菌)生产中使用

# 九、南方香菇等级规格标准

目前最新的香菇标准为国家质量监督检验检疫总局提出

的 GB 9087—2003《原产地域产品　庆元无公害香菇》。庆元县是我国香菇主产区之一,该标准适于袋料栽培香菇产品,符合我国现行香菇行业的实际,可供全国各地香菇出口分级标准参考。现将其分级指标介绍于下。

### (一)保鲜菇感官指标

保鲜香菇呈扁半球形、稍平展或伞形,菌柄长度小于或等于菌盖直径,颜色分别为菌盖淡褐色至褐色,菌褶乳白略带浅黄色;菌肉致密、韧性好、润爽;具有香菇特有香味,无异味;不允许混入虫菇、烂菇、霉变菇、活虫体、动物毛发及动物排泄物、金属等异物和其他杂质。其指标见表 8-4。

表 8-4　保鲜香菇感官指标

| 项　目 | | 要　　求 | | |
|---|---|---|---|---|
| | | 一　级 | 二　级 | 三　级 |
| 菌盖厚度(厘米) | ≥ | 1.2 | 1.2 | 0.8 |
| 开伞度(分) | ≤ | 5 | 6 | 7 |
| 菌盖直径(厘米) | ≥ | 4.0 均匀 | 3.0 均匀 | 3.0 |
| 残缺菇(%) | ≤ | 1.0 | 1.0 | 3.0 |
| 畸形菇、薄皮菇、开伞菇总量(%) | ≤ | 1.0 | 2.0 | 3.0 |

### (二)花菇感官指标

花菇(彩 50-1)菌柄长度小于或等于菌盖直径、菌肉致密、韧性好、润爽;具有香菇特有香味、无异味;不允许混入霉变菇、活虫体、动物毛发、动物排泄物和金属等异物。其余指标见表 8-5。

表 8-5　花菇感官指标

| 项　目 | 要　求 | | |
|---|---|---|---|
| | 一　级 | 二　级 | 三　级 |
| 颜　色 | 白色花纹明显,菌褶淡黄色 | 白色花纹明显,菌褶黄色 | 花纹茶色或棕褐色,菌褶褐深黄色 |
| 菌盖厚度(厘米)　≥ | 0.5 | | 0.3 |
| 形　状 | 扁半球形稍平展或伞形规整 | | 扁半球形稍平展或伞形 |
| 开伞度(分)　≤ | 6 | 7 | 8 |
| 菌盖直径(厘米)　≥ | 4.0 均匀 | 2.5 | 2.0 |
| 残缺菇(%)　≤ | 1.0 | | 3.0 |
| 碎菇体(%)　≤ | 0.5 | | 1.0 |
| 褐色菌褶、虫孔菇、霉斑菇总量(%)≤ | 1.0 | | 3.0 |
| 杂质(%)　≤ | 0.2 | | 0.5 |

## (三)厚菇感官指标

厚菇(彩 49-2)菌柄长度小于或等于菌盖直径,菌肉致密,韧性好,润爽,具有香菇特有香味,无异味,不允许混入霉变菇、活虫体、动物毛发、动物排泄物和金属等异物。其余指标见表 8-6。

表 8-6 厚菇感官指标

| 项 目 | | 要 求 | | |
|---|---|---|---|---|
| | | 一 级 | 二 级 | 三 级 |
| 颜 色 | | 菌盖淡褐色至褐色 | | |
| | | 菌褶淡黄色 | 菌褶黄色 | 菌褶黄色 |
| 菌盖厚度(厘米) | ≥ | 0.5 | | 0.3 |
| 形 状 | | 扁半球形稍平展或伞形规整 | | 扁半球形稍平展或伞形 |
| 开伞度(分) | ≤ | 6 | 7 | 8 |
| 菌盖直径(厘米) | ≥ | 4.0 | 3.0 | 3.0 |
| 残缺菇(%) | ≤ | 1.0 | 2.0 | 3.0 |
| 碎菇体(%) | ≤ | 0.5 | 1.0 | 2.0 |
| 褐色菌褶、虫孔菇、霉斑菇总量(%) | ≤ | 1.0 | 3.0 | 5.0 |
| 杂质(%) | ≤ | 0.2 | 1.0 | 2.0 |

## (四)薄菇感官指标

薄菇(彩 49-3)菌柄长度小于或等于菌盖直径,菌肉致密、韧性好、润爽;具有浓的香菇特有香味,无异味;不允许混入霉变菇、活虫体、动物毛发、动物排泄物和金属等异物。其余指标见表 8-7。

表 8-7  薄菇感官指标

| 项　目 | | 要　求 | | |
|---|---|---|---|---|
| | | 一　级 | 二　级 | 三　级 |
| 颜　色 | | 菌盖淡褐色至褐色 | | |
| | | 菌褶淡黄色 | 菌褶黄色 | 菌褶深黄色 |
| 菌盖厚度（厘米） | ≥ | 0.3 | | 0.2 |
| 形　状 | | 近扁半球形,平展规整 | | 近扁半球形,平展 |
| 开伞度（分） | ≤ | 7 | 8 | 9 |
| 菌盖直径（厘米） | ≥ | 5.0 | 4.0 | 3.0 |
| 残缺菇（%） | ≤ | 1.0 | 2.0 | 3.0 |
| 碎菇体（%） | ≤ | 0.5 | 1.0 | 2.0 |
| 褐色菌褶、虫孔菇、霉斑菇总量（%） | ≤ | 1.0 | 2.0 | 3.0 |
| 杂质（%） | ≤ | 1.0 | 1.0 | 2.0 |

## （五）香菇理化指标

理化指标见表 8-8。

表 8-8  香菇产品理化指标

| 项　目 | | 要　求 | |
|---|---|---|---|
| | | 保鲜菇 | 干　菇 |
| 水分（%） | ≤ | 86%（菌盖表面干爽、有纤毛或鳞片、手摸不粘、运到销售地菇体不出现水珠） | 13.0 |

| 项 目 | 要 求 | |
|---|---|---|
| | 保鲜菇 | 干 菇 |
| 粗蛋白(以干重计)(%) ≥ | 15.0 | 20.0 |
| 粗纤维(以干重计)(%) ≤ | 8.0 | 8.0 |
| 灰分(以干重计)(%) ≤ | 8.0 | 8.0 |

# 十、北方香菇等级规格标准

随着"南菇北移"深入发展的需要,河北省技术监督局 1998 年 12 月 14 日发了 DB 13/T 382.5—1998《河北省地方标准—北方香菇》。该标准适于北方各省区自然条件下培养的花菇、香菇产品质量标准。

## (一)北方香菇感观指标

见表 8-9,表 8-10。

表 8-9  北方花菇感观指标

| 项 目 | 要 求 | | |
|---|---|---|---|
| | 一 级 | 二 级 | 三 级 |
| 颜 色 | 花纹深白 | 花纹暗白 | 花纹茶褐色 |
| 菌盖厚薄(厘米) ≥ | 1.2 | 1.0 | 0.8 |
| 形 状 | 近半球形或球形、圆整 | 扁半球形或伞形、圆整 | 扁半球形或伞形、不圆整 |

| 项 目 | | 要 求 | | |
|---|---|---|---|---|
| | | 一 级 | 二 级 | 三 级 |
| 开伞度(分) | ≤ | 6 | 7 | 8 |
| 菌盖直径(厘米) | ≥ | 5.0 | 3.5 | 3.5 |
| 菌柄长 | ≤ | 菌盖半径 | | |
| 气 味 | | 香菇香味,无异味 | | |
| 残缺菇(%) | ≤ | 0.5 | | 1.0 |
| 褐色菌褶、虫孔、霉变菇(%) | ≤ | 不允许 | | 0.5 |
| 杂质(%) | | 不允许 | | 不允许 |
| 不允许混入物 | | 毒菇、异种菇、活虫体、动物毛发和排泄物、金属物 | | |

## 表 8-10 北方香菇感观指标

| 项 目 | | 要 求 | | |
|---|---|---|---|---|
| | | 一 级 | 二 级 | 三 级 |
| 颜 色 | | 菌盖淡褐色至褐色、菌褶白色 | 菌盖淡褐色至褐色、菌褶白色 | 菌盖淡褐色至褐色、菌褶白色 |
| 菌盖厚薄(厘米) | ≥ | 2.0 | 1.5 | 0.8 |
| 形 状 | | 近半球形或伞形、圆整 | 扁半球形或伞形、圆整 | 扁半球形或伞形、不圆整 |
| 开伞度(分) | ≤ | 6 | 7 | 8 |

| 项 目 | | 要 求 | | |
|---|---|---|---|---|
| | | 一 级 | 二 级 | 三 级 |
| 菌盖直径(厘米) | ≥ | 6.0 | 4.5~5.9 | 3.0~4.5 |
| 菌柄长 | ≤ | 菌盖半径 | | |
| 气 味 | | 香菇香味,无异味 | | |
| 残缺菇(%) | ≤ | 1.0 | | 5.0 |
| 褐色菌褶、虫孔、霉变菇(%) | ≤ | 1.0 | | 1.5 |
| 杂质(%) | | 0.2 | | 1.0 |
| 不允许混入物 | | 毒菇、异种菇、活虫体、动物毛发和排泄物、金属物 | | |

## (二)理化指标

北方香菇(含花菇)理化指标见表 8-11。

### 表 8-11　北方香菇理化指标

| 项 目 | | 指 标 |
|---|---|---|
| 水分(%) | ≤ | 75 |
| 粗蛋白(%)(以干物质计) | ≥ | 25 |
| 粗纤维(%)(以干物质计) | ≤ | 12 |
| 灰分(%)(以干物质计) | ≤ | 7 |

香菇产品的分级,直接关系到出口市场的占有率。福荣华菇品(深圳)有限公司和湖北吉阳食品(广水)有限公司生产

加工的"富贵花"、"福荣华"、"王冠"、"向阳花"等香菇品牌,由于分级严格,朵形、色泽、干度、规格质量标准化;同时讲究包装,所以产品远销 50 多个国家和地区,深受消费者欢迎。各地产区要认真搞好产品分级,并主动与出口企业签订产销合同,使产品规格质量达到标准要求,从而提高产品档次效益。

〔咨询电话:深圳(0755)82387831　广水(0722)6429999〕

# 附　录

## 一、无公害食用菌栽培可限制使用的化学农药

我国尚未制定专门的无公害香菇生产禁用农药和限制使用的农药范围。香菇作为一种蔬菜类,可暂行参照蔬菜允许使用的化学农药进行香菇病虫害的综合治理,以求得香菇生态系统的生物种群平衡和无污染、无残留、无公害的防治效果。根据国家农业部 2000 年发布的 NY/T 393—2000《绿色食品农药使用准则》规定的 AA 级绿色食品及 A 级绿色食品生产允许使用的农药种类、毒性分级和使用准则,无公害香菇生产也可参照使用。见附表 1,附表 2,附表 3。

附表 1　杀虫剂

| 农药名称 | 别　名 | 商品标号及剂量（别称） | 防治对象 | 注意事项 |
|---|---|---|---|---|
| 敌百虫<br>(Trichlorphon) | | 90%固体,800～1000 倍液 | 跳虫、地老虎、蛞蝓、地蛆 | 从菇棚四周喷至中间,高温慎用 |
| 敌敌畏<br>(Dichlorvos) | | 50%乳油,800～1000 倍液 | 菇蝇、跳虫、红蜘蛛 | 中等毒,最多喷1 次 |
| 乐　果<br>(Dimethoate) | | 40%乳油,800～1500 倍液 | 菇蛾、地蛆、蓟马、线虫 | 中等毒,最多喷1 次 |
| 马拉硫磷<br>(Malathion) | | 50%乳油,800～1500 倍液 | 烟灰虫、蛞蝓 | 最多限喷 1 次 |

| 农药名称 | 别　名 | 商品标号及剂量（别称） | 防治对象 | 注意事项 |
|---|---|---|---|---|
| 辛硫磷<br>(Phoxim) | | 50%乳油，500~1000 倍液 | 韭蛆、线虫、蚊、蓟马、蟋蟀 | 药效敏感，要慎用 |
| 杀螟硫磷<br>(Fenitrothion) | | 50%乳油，1000~1500 倍液 | 菇蚊、菇蝇、跳虫 | 中等毒，最多限喷 1 次 |
| 阿维菌素<br>(Ahamectin) | 爱福丁、7051齐螨索 | 1.8% 乳油，5000~8000 倍液 | 虫、螨，兼治菇蚊、蛾、蛆 | 商品名称较多、注意有效含量 |
| 速灭威<br>(MTMC) | | 25%可湿性粉剂，667 平方米200~300 克液 | 菇蛾、菇蚊、菇蝇 | 中等毒，最多限喷 1 次 |
| 抗蚜威<br>(Pirimmicarb) | | 50%可湿性粉剂，667 平方米10~20 克 | 烟青虫、蚜虫、蓟马 | 中等毒，最多限喷 1 次 |
| 异丙威<br>(Isoprocarb) | 叶蝉散 | 2%可湿性粉剂，667 平方米1500 克 | 菇蚊、菇蝇、蛴螬 | 中等毒，最多限喷 1 次 |
| 氟氰菊酯<br>(Cyperm-ethirn) | | 10%乳油，2500~4000 倍液 | 菇蚊、菇蛾、菜螟 | 中等毒，最多限喷 1 次 |
| 噻嗪酮<br>(Dupro-fezin) | 优乐得扑虱灵 | 25%可湿性粉剂，1000 ~ 1500倍液 | 介壳虫、飞虱、叶蝉 | 低等毒，限喷 1 次 |
| 杀虫双<br>(Sachong suang) | | 5% 悬浮剂，1500~2000 倍液 | 飞虱、叶蝉、介壳虫 | 中等毒，限喷 1 次 |

| 农药名称 | 别　名 | 商品标号及剂量（别称） | 防治对象 | 注意事项 |
|---|---|---|---|---|
| 锐劲特<br>(Fiponil) | 氟虫腈 | 5% 悬浮剂<br>1500～2000 倍液 | 菇蚊、韭蛆成虫、菇蛾、红蜘蛛 | 中等毒，限喷 1 次 |

## 附表 2　杀螨剂

| 农药名称 | 别　名 | 商品标号及剂量 | 防治对象 | 注意事项 |
|---|---|---|---|---|
| 克螨特<br>(Propargite) | 快螨特 | 73% 乳油，2000～3000 倍液 | 成螨、若螨有特效，但杀卵效果差 | 高温、高湿对幼菇有药害 |
| 双甲脒<br>(Dmitaz) | 螨克 | 20% 乳油，1000～2000 倍液 | 成螨、若螨、卵有良效 | 气温低于 25℃时药效差 |
| 噻螨酮<br>(Hexythiazox) | 尼索朗 | 5% 乳油，1500～2000 倍液 | 幼螨、卵有特效，成螨无效 | 最多限喷 1 次 |
| 卡死克<br>(Ascade) | WL115110 | 5% 乳油，1000～2000 倍液 | 幼螨、若螨效果显著 | 最多限喷 1 次 |
| 乐斯本<br>(Chlorpyrifos) | 氯硫磷、毒死蜱 | 40.7% 乳油，1000～2000 倍液 | 成螨、兼治韭蛆幼虫 | 最多限喷 1 次 |

| 农药名称 | 别　名 | 商品标号及剂量（别称） | 防治对象 | 注意事项 |
|---|---|---|---|---|
| 福美双（Thiram） | 卫　福 | 75%可湿性粉剂，1000～1500倍液 | 绿霉、链孢霉、曲霉、青霉 | 低毒，不能与铜铝和碱性药物混用 |
| 百菌清（Chlorogha-lonil） | 达克宁、桑瓦特 | 75%可湿性粉剂，1000～1500倍液 | 地霉、绿霉、菌核病、链孢霉 | 低毒，不能与碱性药物混合 |
| 多菌灵（Carbenda-zim） | | 50%可湿性粉剂，1000～1500倍液 | 链孢霉、轮纹病、根腐病 | 低毒，对银耳菌丝有药害 |
| 甲霜灵（Mataiaxyl） | 瑞毒霜 | 50%可湿性粉剂，1000～1500倍液 | 疫病、白粉病、轮纹病 | 低毒，使用最多不超3次 |
| 甲基硫菌灵（Thiophana-temeehyl） | | 70%可湿性粉剂，1000～1500倍液 | 根霉、曲霉、赤霉病 | 低毒，最多限喷1次 |
| 噁霉灵（Hymexazol） | | 70%可湿性粉剂，1000倍液 | 毛霉、绿霉、链孢霉、曲霉 | 低毒，最多限喷1次 |
| 异菌脲（Iprodione） | 扑海因、桑迪恩 | 50%可湿性粉剂，1000～1500倍液 | 灰霉病、疫病、酵母菌病、青霉 | 低毒，最多限喷1次 |
| 腐霉利（Procmp-done） | | 50%可湿性粉剂，1000～1200倍液 | 白粉病、青霉、霜霉病、曲霉 | 低毒，最多限喷1次 |

| 农药名称 | 别　名 | 商品标号及剂量（别称） | 防治对象 | 注意事项 |
|---|---|---|---|---|
| 三唑酮<br>(Triadirmefon) | 粉锈宁<br>百理通 | 20%乳油,1000～1500 倍液 | 锈病、僵缩病、红银耳 | 低毒,最多限喷1 次 |
| 乙膦铝<br>(PhosetbyL-Al) | 疫霉灵、疫霜灵 | 50%可湿性粉剂,400～500 倍液 | 霜霉病、猝倒病 | 低毒,最多限喷1 次 |

# 二、香菇菌种供应单位介绍

香菇菌种供应单位详见附表 4。

### 附表 4　香菇菌种供应单位一览表

| 单位名称 | 地　址 | 邮　编 | 咨询电话 |
|---|---|---|---|
| 中科院微生物研究所菌种保藏室 | 北京市海淀区中关村 | 100008 | (010)622554548 |
| 中国农业大学生物学院食用菌研究室 | 北京市圆明园西路 | 100094 | (010)62733495 |
| 福建省三明真菌研究所 | 福建省三明市列东新市北路绿岩新村 156 幢 | 365000 | (0598)8243994 |
| 四川省农科院食用菌开发研究中心 | 成都市外东静居寺路 20 号 | 610066 | (028)89576964 |
| 黑龙江省林口县食用菌研究所 | 黑龙江省林口县3-33 号信箱 | 157600 | (0453)3580031 |

| 单位名称 | 地 址 | 邮 编 | 咨询电话 |
|---|---|---|---|
| 吉林省长白山真菌研究所 | 吉林省蛟河市中岗街 19 号 | 132507 | (0432)7201251 |
| 华中农业大学菌种实验中心 | 湖北省武汉市洪山区狮子山街 | 430070 | (027)87386167 |
| 辽宁省朝阳市食用菌研究所 | 辽宁省朝阳市新华路二段 37-4 号 | 122000 | (0421)2812022 |
| 河南省农科院食用菌技术工程中心 | 河南省郑州市花园路 28 号 | 450008 | (0371)65722860 |
| 福建省食用菌学会 | 福建省福州市白马中路 53 号 | 350003 | (0591)3368144 |
| 湖南农业大学食用菌研究所 | 湖南省长沙市芙蓉区 | 410128 | (731)4618175 |
| 陕西省微生物研究所 | 陕西省西安市西影路东段 8 号 | 710013 | (029)85525097 |
| 山东省金乡真菌研究所 | 山东省金乡县鸡忝填 | 272208 | (0537)8851472 |
| 山西省原平农校微生物室 | 山西省原平市前进路 13 号 | 034100 | (0350)8223857 |
| 浙江省农科院园艺所食用菌研发中心 | 浙江省杭州市新石桥路 139 号 | 310021 | (0571)86404017 |
| 上海市农科院食用菌研究所 | 上海市闵行区南华路 35 号 | 201106 | (021)62200538 |
| 辽宁省食用菌技术开发中心 | 沈阳市长江北街 39 号 6002 信箱 | 110034 | (024)86126921 |

| 单位名称 | 地 址 | 邮 编 | 咨询电话 |
|---|---|---|---|
| 河北省遵化市立强食用菌研究所 | 遵化市北二环东路 26 号 | 064200 | (0315)6636248 |
| 内蒙古农科院园艺所食用菌中心 | 呼和浩特市乌兰察布东路 246 号 | 010010 | (0475)4929474 |
| 江苏省微生物研究所菌种中心 | 无锡市钱荣路 7 号 | 214000 | (0510)5515957 |
| 广东省农科院食用菌中心 | 广州市天河区五山 | 510640 | (020)88273622 |

# 三、食用菌生产成套机械设备

食用菌生产成套机械设备见附表 5。

### 附表 5　食用菌生产机械一览表

| 名 称 | 型 号 | 单 位 | 参考价（元/台） | 产品说明 | 备 注 |
|---|---|---|---|---|---|
| 切碎机 | MQF-400 型 | 台 | 1300 | 适于各种木材 1 次性加工成屑，配 15 千瓦电动机，每小时产量 500 千克 | 获国家专利产品 |
| 切碎机 | MQF-420 型 | 台 | 1600 | 适于各种木材 1 次性加工成屑，配 15～18 千瓦电动机，每小时产量 1000 千克 | 1997 年全国名优产品 |

| 名　称 | 型　号 | 单　位 | 参考价<br>（元/台） | 产品说明 | 备　注 |
|---|---|---|---|---|---|
| 切碎机 | MQF-500 型 | 台 | 2300 | 用于各种木材 1 次性加工成屑，配 30 千瓦电动机，每小时产量 2000 千克 | |
| 切片机 | MQ-700 型 | 台 | 2600 | 适于各种木材切片，每小时产量 3000 千克，配 11～15 千瓦电动机 | |
| 切片机 | ZQ-600 型 | 台 | 2400 | 适于各种木材切片，每小时产量 1500～2000 千克，配 11 千瓦电动机 | |
| 粉碎机 | MQ-400 型 | 台 | 1300 | 适于各种木片、芦苇、豆秆、棉花秆等粉碎，每小时产量 200 千克，配 11～15 千瓦电动机 | 获国家专利产品 |
| 粉碎机 | MF-500 型 | 台 | 1800 | 适于各种木片粉碎，每小时产量 500 千克，配 22 千瓦电动机 | |
| 杀菌锅 | WSG-260 型 | 台 | 1800 | 主要用于菌种灭菌，每次装 260 瓶 | |
| 杀菌锅 | WSG-330 型 | 台 | 3000 | 主要用于菌种灭菌用，每次装 330 瓶 | |
| 脱水机 | LOW | 台 | 450 | 适于各种食用菌产品脱水、烘干 | 热交换器 |

| 名 称 | 型 号 | 单 位 | 参考价 (元/台) | 产品说明 | 备 注 |
|---|---|---|---|---|---|
| 脱水机 | LOW-260 型 | 台 | 3500 | 香菇、银耳、竹荪、猴头菇等食用菌产品烘干脱水用 | 整机含排气扇 |
| 装袋机 | WD-66 | 台 | 150 | 银耳培养料装袋用,配 1.5 千瓦电动机,每小时产量 800 袋 | |
| 装袋机 | WP | 台 | 360 | 各种口径香菇或银耳装袋,配 1.5 千瓦电动机,每小时产量 800 袋 | 多用机 |
| 装袋机 | WD-90 型 | 台 | 150 | 香菇培养料装袋用,配 1.5 千瓦电动机,每小时产量 800 袋 | 1997 年全国名优产品 |
| 装袋机 | WD-120 型 | 台 | 260 | 香菇培养料装袋用,配 1.5 千瓦电动机,每小时产量 800 袋 | |
| 排气扇 | FA-600 型 1.1 千瓦 | 台 | 420 | 各种食用菌产品烘干、脱水的配套设备、起排湿作用,风量 230 米³/分 | |
| 排气扇 | FA-600 型 1.28 千瓦 | 台 | 460 | 各种食用菌产品烘干、脱水的配套设备,风量 260 米³/分 | |

| 名 称 | 型 号 | 单 位 | 参考价<br>（元/台） | 产品说明 | 备 注 |
|---|---|---|---|---|---|
| 拌料机 | WF-70 型 | 台 | 3000 | 香菇培养料拌匀用,配 2.2 千瓦电动机,每小时产量 1000 千克 | 带电动机 |
| 接菌机 | BJ-3D14 | 台 | 1600 | 用于香菇、银耳等食用菌生产中的接菌,配 750 瓦电动机,每小时产量 700 袋 | 获国家专利产品 |
| 多功能装袋机 | ZDC 电脑控制型 | 台 | 28000 | 用于食用菌行业规模化、工厂化生产,每小时产量 3000 袋 | |
| 灭菌炉 | CLSG 电脑控制型 | 台 | 2200 | 用于食用菌菌棒灭菌使用 | 常 压 |
| 烘干机 | SHG 型 | 台 | 28000 | 用于食用菌菇品烘干加工的设备 | |

生产厂家　古田县顺利食用菌机械制造厂（附表 5 中产品均为该厂制造）

厂　　址　福建省古田县城关莲桥工业园区　邮编:352200

咨询电话　0593-3882225　传真:0593-3894518

# 主要参考文献

1 黄年来.中国香菇栽培学.上海:上海科技文献出版社,1994

2 中华人民共和国国家标准.农产品安全质量要求 GB 18406.1—8—2001.北京:中国标准出版社,2001

3 国家质量监督检验检疫总局.农产品安全质量无公害蔬菜安全要求.北京:中国标准出版社,2001

4 中国农业部发布.绿色食品.产地环境技术条件.北京:中国标准出版社,2000

5 李正明等.无公害安全食品生产技术.北京:中国轻工业出版社,1999

6 杜子端.国内外食用菌专利和标准年鉴.北京:中国标准出版社,2004

7 吴学谦,黄志龙等.香菇无公害生产技术.北京:中国农业出版社,2003

8 王柏松,梁枝荣等.中国北方香菇栽培.太原:山西高校联合出版社,1992

9 蔡衍山.食用菌无公害生产技术.北京:中国农业出版社,1982

10 黄毅.食用菌生产理论与实践.厦门大学出版社,1987

11 林占禧.野草栽培食用菌.福建科学技术出版社,1989

12 贾长林.小棚大袋立体花菇栽培技术.郑州:河南科

学技术出版社,1999

13 夏敏.香菇代料春栽中存在问题与对策.昆明:中国食用菌,2003(6)

14 刘晓龙,刘振钦等.东北地区香菇玉米间作技术规程.上海:食用菌,2004(4)

15 周志璜.花菇烂筒原因分析和应采取措施.上海:食用菌,2004(4)

16 丁荣峰.让中国香菇顺利跨越世贸"绿色屏障"的措施研究.福建:全国食用菌高峰论坛《论文集》,2004

17 陈奎.西北葡萄园香菇立体种植模式.上海:食用菌,2005(4)

18 蔡德华.地栽木耳、春芸豆、莴苣、玉米四高产立体种植.北京:食用菌市场,2005(6)

19 郑云成,项丽芳等.平原地区香菇高温烂棒原因及对策.昆明:中国食用菌,2005(3)

20 中国食品土畜进出口商会.北京:国际农产品贸易,2004～2005

21 全国供销总社信息中心.北京:食用菌市场,2004～2005

22 香港保健食品市场营销联合会.深圳:中华保健食品,2004～2005

# 金盾版图书,科学实用,
## 通俗易懂,物美价廉,欢迎选购

食用菌周年生产技术(修
　订版)　　　　　　　7.00元
食用菌制种技术　　　6.00元
高温食用菌栽培技术　5.50元
食用菌实用加工技术　6.50元
食用菌栽培与加工(第
　二版)　　　　　　　8.00元
食用菌丰产增收疑难问
　题解答　　　　　　　9.00元
食用菌设施生产技术
　100题　　　　　　　8.00元
怎样提高蘑菇种植效益　9.00元
蘑菇标准化生产技术　10.00元
怎样提高香菇种植效益　12.00元
灵芝与猴头菇高产栽培
　技术　　　　　　　　3.00元
金针菇高产栽培技术　3.20元
平菇标准化生产技术　7.00元
平菇高产栽培技术(修
　订版)　　　　　　　7.50元
草菇高产栽培技术　　3.00元
草菇袋栽新技术　　　7.00元
香菇速生高产栽培新技
　术(第二次修订版)　10.00元
中国香菇栽培新技术　9.00元

香菇标准化生产技术　7.00元
榆耳栽培技术　　　　7.00元
花菇高产优质栽培及贮
　藏加工　　　　　　　6.50元
竹荪平菇金针菇猴头菌
　栽培技术问答(修订版) 7.50元
怎样提高茶薪菇种植效
　益　　　　　　　　　10.00元
珍稀食用菌高产栽培　4.00元
珍稀菇菌栽培与加工　20.00元
草生菇栽培技术　　　6.50元
茶树菇栽培技术　　　10.00元
白色双孢蘑菇栽培技术　6.50元
白灵菇人工栽培与加工　6.00元
白灵菇标准化生产技术　5.50元
杏鲍菇栽培与加工　　6.00元
鸡腿菇高产栽培技术　9.00元
姬松茸栽培技术　　　6.50元
金福菇栽培技术　　　5.50元
金耳人工栽培技术　　8.00元
黑木耳与银耳代料栽培
　速生高产新技术　　　5.50元
黑木耳与毛木耳高产栽
　培技术　　　　　　　5.00元
中国黑木耳银耳代料栽

| | | | |
|---|---|---|---|
| 蔬菜无土栽培新技术 | | 稀特菜制种技术 | 5.50 元 |
| （修订版） | 11.00 元 | 蔬菜育苗技术 | 4.00 元 |
| 无公害蔬菜栽培新技术 | 7.50 元 | 瓜类豆类蔬菜良种 | 7.00 元 |
| 夏季绿叶蔬菜栽培技术 | 4.60 元 | 瓜类豆类蔬菜施肥技术 | 6.50 元 |
| 四季叶菜生产技术 160 | | 瓜类蔬菜保护地嫁接栽 | |
| 题 | 7.00 元 | 培配套技术 120 题 | 6.50 元 |
| 蔬菜配方施肥 120 题 | 6.50 元 | 菜用豆类栽培 | 3.80 元 |
| 绿叶蔬菜保护地栽培 | 4.50 元 | 食用豆类种植技术 | 19.00 元 |
| 绿叶菜周年生产技术 | 12.00 元 | 豆类蔬菜良种引种指导 | 11.00 元 |
| 绿叶菜类蔬菜病虫害诊 | | 豆类蔬菜栽培技术 | 9.50 元 |
| 断与防治原色图谱 | 20.50 元 | 豆类蔬菜周年生产技术 | 10.00 元 |
| 绿叶菜类蔬菜良种引种 | | 豆类蔬菜病虫害诊断与 | |
| 指导 | 10.00 元 | 防治原色图谱 | 24.00 元 |
| 绿叶菜病虫害及防治原 | | 日光温室蔬菜根结线虫 | |
| 色图册 | 16.00 元 | 防治技术 | 4.00 元 |
| 根菜类蔬菜周年生产技 | | 南方豆类蔬菜反季节栽 | |
| 术 | 8.00 元 | 培 | 7.00 元 |
| 绿叶菜类蔬菜制种技术 | 5.50 元 | 菜豆豇豆荷兰豆保护地 | |
| 蔬菜高产良种 | 4.80 元 | 栽培 | 5.00 元 |
| 根菜类蔬菜良种引种指 | | 图说温室菜豆高效栽培 | |
| 导 | 13.00 元 | 关键技术 | 9.50 元 |
| 新编蔬菜优质高产良种 | 12.50 元 | 黄花菜扁豆栽培技术 | 6.50 元 |
| 名特优瓜菜新品种及栽 | | 番茄辣椒茄子良种 | 8.50 元 |
| 培 | 22.00 元 | 现代蔬菜灌溉技术 | 7.00 元 |

以上图书由全国各地新华书店经销。凡向本社邮购图书或音像制品，可通过邮局汇款，在汇单"附言"栏填写所购书目，邮购图书均可享受 9 折优惠。购书 30 元（按打折后实款计算）以上的免收邮挂费，购书不足 30 元的按邮局资费标准收取 3 元挂号费，邮寄费由我社承担。邮购地址：北京市丰台区晓月中路 29 号，邮政编码：100072，联系人：金友，电话：(010)83210681、83210682、83219215、83219217(传真)。